多维度视域下的现代景观建筑技术研究

彭 靖 著

北京工业大学出版社

图书在版编目（CIP）数据

多维度视域下的现代景观建筑技术研究 / 彭靖著．——
北京：北京工业大学出版社，2022.10
ISBN 978-7-5639-8424-4

Ⅰ．①多… Ⅱ．①彭… Ⅲ．①景观设计－研究 Ⅳ．
① TU983

中国版本图书馆 CIP 数据核字（2022）第 185656 号

多维度视域下的现代景观建筑技术研究
DUOWEIDU SHIYU XIA DE XIANDAI JINGGUAN JIANZHU JISHU YANJIU

著　　者：	彭　靖
责任编辑：	张　娇
封面设计：	知更壹点
出版发行：	北京工业大学出版社
	（北京市朝阳区平乐园 100 号　邮编：100124）
	010-67391722（传真）　bgdcbs@sina.com
经销单位：	全国各地新华书店
承印单位：	河北赛文印刷有限公司
开　　本：	710 毫米 ×1000 毫米　1/16
印　　张：	11.5
字　　数：	230 千字
版　　次：	2022 年 10 月第 1 版
印　　次：	2022 年 10 月第 1 次印刷
标准书号：	ISBN 978-7-5639-8424-4
定　　价：	72.00 元

作者简介

　　彭靖，女，毕业于重庆大学，工程硕士，现为重庆城市职业学院副教授、高级工程师。研究方向：建设工程管理，园林工程技术。参与国家级课题一项，主持市级课题两项，发表各类论文十余篇，拥有实用专利四项，出版建筑类专著一部。

前　言

随着社会的发展，人们的生活水平有了显著的提升，人们对于社会环境提出了全新的标准。我国正处于景观建筑的建设发展阶段。景观建筑和一般建筑相比，具有与环境、文化结合紧密的特点，具有生态节能、造型优美等优点，注重观景与景观的和谐。基于此，本书对多维度视域下的现代景观建筑技术进行了系统研究。

全书共七章。第一章为绪论，主要包括景观的定义与构成、建筑与景观的联系、现代景观建筑的内容等内容；第二章为中西方景观建筑的发展，主要阐述了中国传统文化视野中的景观与建筑、西方文化演进中的景观与建筑、西方近现代以来的景观与建筑等内容；第三章为现代景观建筑的用材与构造，主要阐述了现代景观建筑的用材、现代景观建筑的构造等内容；第四章为现代景观地形的建筑技术，主要阐述了地形的功能与类型、地形的设计与应用、建筑与地形景观的形象整合等内容；第五章为现代景观植物的建筑技术，主要阐述了植物的功能与类型、景观植物配置的形式与方法、景观植物的造型与造景等内容；第六章为现代景观水体的建筑技术，主要阐述了水体景观的吸引功能、水体景观的规划设计、建筑与水体景观的形象整合等内容；第七章为现代景观小品的建筑技术，主要阐述了景观小品的分类、价值与特点，景观设施与景观小品的设计，景观小品的建筑技术等内容。

为了确保研究内容的丰富性和多样性，笔者在写作过程中参考了大量理论与研究文献，在此向涉及的专家、学者表示衷心的感谢。

最后，限于笔者水平，本书难免存在一些不足，在此，恳请同行专家和读者朋友批评指正！

目　录

第一章　绪　论

景观是人们生活环境的重要组成部分，是自然和文化交互作用的结果。景观建筑是供人们观赏、休憩的构筑物，是融物质功能与精神功能于一体的建筑。建筑与景观要融合发展才能装点环境，愉悦人们的心灵。本章分为景观的定义与构成、建筑与景观的联系、现代景观建筑的内容三个部分，主要包括景观的定义、景观的构成、建筑与景观的发展联系、建筑与景观的一体化联系、景观建筑的相关概念界定、现代景观建筑的内容、景观建筑的发展趋势等内容。

第一节　景观的定义与构成

一、景观的定义

"景观"一词最早出现于希伯来语《圣经》之中，主要描述所罗门耶路撒冷城区的美景，与我国汉字中"景色""景致"等词汇寓意接近，具有视觉美学方面的表征。丹尼斯·科斯格罗夫在 21 世纪初参加有关历史空间转换座谈会时，曾认为景观的初衷是将精神思想通过物质呈现在空间中，同时设计者可以经过训练与学习提升审美的眼光，将自然美通过可度量的方式进行表现。

在 17—18 世纪，园林学相关学科的学者将"景观"解释为一种由自然世界和人类文明共同作用下的景象。工业文明时期，针对学科领域的不同，"景观"产生了不同的定义。例如，在地理学领域，"景观"意为大地表面上呈现的区域综合自然现象；在艺术学领域，"景观"意为艺术学者通过有效的艺术手法创造出来的产物；在文化地理领域，"景观"是人类文明与自然景象相结合的产物；在景观生态领域，"景观"是生态系统之间的相互作用与影响所形成的产物，是不同的空间区域呈现出来的相似的形态特征的景象，是生态系统中的一种尺度单位。

由此可见，景观的含义不可一概而论。在不同的领域及学科背景之下，人们对"景观"一词的理解有所不同。景观分为自然景观和人文景观。自然景观的概念在不同的领域有着不同的含义。通常来说，自然景观是自然界间不同因素相互作用、联系而形成的景观形态，是自然界不断运动发展的产物。人文景观又称文化景观，是人们在日常生活中，为了满足一些物质和精神方面的需要，在自然景观的基础上，叠加了文化特质而形成的景观。人文景观主要包含两种：一种人文景观是为了满足人们的精神需求和心理需求，综合运用各种手法，在自然景观中不断重新创造，增加空间的体验感和沉浸感。这样营造出来的环境空间是通过自然物质方面和人类文化方面共同构建而形成的，例如风景名胜古迹、人文公园等。另一种人文景观是直接通过人为意志创造而成的，同时加入人类文化和科学技术，承载着一定文化内涵与新的形式，例如城市景观、建筑景观、文化广场等。

《辞海》中对于"景观"的解释是"某种类型或者某一地点的自然景观，同时泛指可供人们观赏的景物。"而在《景观设计：专业学科与教育》一书中，俞孔坚教授认为景观是土地上的空间和不同的物体所构成的综合体，是通过复杂的自然变化以及各种人类活动干预在大地上形成的烙印，具有不同的功能价值。景观在结构和功能上的特征属性，是人类社会和自然界相互联系的有机体。

二、景观的构成

景观是由地形、水体、气候、土壤、岩石、动物、植物和人类活动等相互作用和影响而形成的，是一个复杂的系统。景观为我们提供了一种思考和研究方法：了解和研究景观要素的空间排列和组合、构成景观要素的相互作用和相互影响、在景观中发生的生态过程，进而通过合理的规划设计，优化空间格局，优化和保持生态过程的完整性，保持景观生态系统的完整性，提高生态服务功能。

在自然环境中，土地是一个复合的概念，涉及土壤、大地肌理和地形地貌。土壤是自然景观中较为重要的因素，土壤的形态受不同的地理条件影响和地质活动影响，差异较为明显。不同的土壤环境造就了不同的自然景观风貌，荒漠、森林、草原等都受限于土壤条件，同时，土壤还影响着不同种类植物的生长繁衍。大地肌理是地表通过规律性的运动形成的大地纹理景象，通常受人为因素的影响较大，呈现较为质朴、原始的美感，是人们在土地上活动对自然土地风貌的改造和重构，例如大地景观、梯田景观等便是大地肌理的一种表现。相较于大地肌理而言，地形地貌形态的形成多是受到自然环境的影响，是地球各大板块之间的挤压而形成的景观风貌。平原、山地、丘陵、高原、盆地作为地形地貌的五种类型，构成了不同的景观风貌、植物种类分布和水文形态。

水是生命之源，其形态特征较为灵动，可以根据不同的地形变化而产生变化。通常水是景观中的点睛之笔。景观中如果缺少水的滋养，往往缺少了一抹灵动的色彩。景观中的水空间比较容易成为自然景观中的重要空间，其水岸空间可形成形态各异、表现丰富的景观轴线。天然的水资源存在一定的自净能力，在自然中形成完整的生态系统，可以不断保持环境的优美。

植物的分布是对某一地域内水文、气候特征、地形地貌的反应，在这些因素的共同作用下形成了景观植物类型的基本风貌。植物的种类群落由于受气候环境、地形地貌的影响较大，因此存在着较为强烈的地域性，不同地域环境状态下生长的植物有着不同的种类变化。同时，不同地域环境下人们对植物的喜好与经济因素、信仰等有直接关系，也就是说，人文环境同样影响着植物的分布。

动物是构成自然景观中完整生态链的重要组成部分。动物的分布同样受限于自然环境。不仅如此，动物的存在，让自然环境的画幅拥有了除静态美外的动态美。动物的存在将自然环境画幅变得更加丰富而生动。

第二节　建筑与景观的联系

一、建筑与景观的发展联系

人类早在古埃及时期便开始了原始的景观设计。建筑与景观的发展历史源远流长，并随着政治、经济、文化以及人类精神需求的提升而发展。建筑与景观的发展联系需要建立在对景观设计研究的基础之上。

伴随着 15 世纪欧洲文艺复兴运动的推动，以人文思想及哲学为理论基础的景观设计发展到了一个空前的高度。随后，受 17—18 世纪艺术思潮以及中国传统山水文化的影响，英国遵循自然形态设计形成了自然风景园林的新模式。19世纪上半叶，建筑与景观的联系愈发密切，一些城市规划与景观设计师认为景观是连接外部自然环境与建筑三维空间的过渡媒介。20 世纪初期，随着第二次世界大战的结束以及工业革命的到来，现代主义建筑师、城市规划师以及景观设计师共同追求建立于功能基础上的设计模式，而建筑形态与内部功能相统一、追求简洁纯净的形体等现代建筑设计理论为现代景观设计提供了理论基础。勒·柯布西耶（20 世纪著名建筑师）于 1925 年在法国巴黎"国际现代工艺美术展"上设计了一栋小住宅，被称为"新精神住宅"，其中树木与房屋的紧密融合体现了建筑和环境的密切关系。1930 年后，欧洲现代主义景观规划设计在美国找到了发展契机，并且通过在自己传统园林文化中寻找实践理论来对抗美国当时的文化霸权主义。20 世纪 30 年代，由美国现代主义建筑师赖特设计的"流水别墅"，将景观与建筑相结合。1950 年，美国现代景观师盖瑞特·埃克博出版了《为生活的景观》一书，解释了景观的功能，并试图将他的观念变成一套成熟的理论体系。随之，受欧洲自身社会意识形态发展的影响，欧洲景观设计师开始主张将社会问题以及对人类精神需求的关注融入景观规划设计中，旨在强调人本主义思想以及人在空间中的感知。

20 世纪中后叶，解构主义以及后现代主义建筑理念盛行。建筑师、城市设计师以及景观设计师开始进行一系列满足人本主义诉求的试验。墨西哥建筑师巴拉甘（普利兹克建筑奖获得者）通过对墨西哥地域性建筑景观的不断实践，认为建筑与景观的界限是模糊的，不能将两者作为独立的主体来看待。同时他认为，建筑与景观的结合需要为人们提供一个思考美、寂静与孤独的空间。与此同时，后现代主义景观设计理论思潮开启了新一轮的探索。20 世纪 60 年代，欧洲对自身生存环境和文化产生严重危机感，致使设计师不断反思建筑与景观的发展，并且主张把对社会的关注融入设计主题中，同时强调对人的尊重，提倡创造符合人自身需求的多种人性空间。20 世纪 70 年代后，由于建筑界解构主义和后现代主义的发展，设计师对建筑与景观设计进行了新一轮的探索，并且开始寻找传统园林中的设计符号，增添了建筑与景观设计的内涵。1980 年，巴拉甘设计的一系列景观，注重简单的要素，却可以满足人们内心深处的精神需求。

随着景观生态学的发展，20 世纪 80 年代以后的景观设计不再局限于小范围内的服务，而是作为一门综合学科，甚至是一个系统被设计师进行研究，而探讨景观与建筑的关系也成为设计师所研究的重点。建筑与景观发展到今天，建筑本身已经成为景观，能满足人们的物质、精神及视觉需求。20 世纪 90 年代，由于生态理念和可持续发展观等思想的引领，建筑与景观在北美有了突破性发展，并且取得了显著的成果。

随着 21 世纪的到来以及科学技术的发展，人们对生态景观设计理论的认知不断加深，景观与建筑逐渐演变成了多学科交叉的综合体，并逐步满足人们的物质需求、精神需求与感官需求。在这样的景观设计发展背景推动下，以及我国传统"天人合一"的中国古典园林设计理念下，我国的景观设计坚持践行可持续发展与生态景观设计的理念。其中，建筑与景观类型分别包含了亲和性建筑与景观、功能性建筑与景观两类。前一类通常为能够满足人们亲近自然、远离城市喧嚣、得到内心满足以及精神需求的建筑与景观小品，如观景平台、瞭望塔等。后一类主要以提供公共服务与文化服务为主。这一类建筑与景观类型多具有服务性、标志性与象征性的意义。以长城、金字塔、埃菲尔铁塔等为例，它们是能够代表当地地域特征、历史文脉或场所精神的景观空间。前者的建筑体量通常较小，后者的建筑体量通常较大，而建筑体量取决于建筑功能与外部自然环境相协调的关系。

综上所述，从古到今，从国内到国外，建筑与景观的发展联系均离不开物质功能、精神需求以及视觉感官认识三者的密切关联，从而为人们提供放松身心、情感交汇的自然空间载体。其中，物质功能包含建筑功能与景观功能，精神需求主要指建筑与景观空间带来的文化功能，视觉感官认知体现审美功能。

二、建筑与景观的一体化联系

中国自古以来就有"天人合一"的宇宙观，提倡顺应自然、有节制地改造和利用自然，追求人与自然的和谐统一。在西方，建筑与景观也是一直被探讨的问题，在 20 世纪 60 年代末产生的生态建筑学，以美国学者麦克哈格 1969 年出版的《设计结合自然》提及的理念为代表。

而今，工业和信息化的高速发展加速了生态环境的破坏，人类面临着 3P 危机——人口爆炸（Population）、环境污染（Pollution）、资源枯竭（Poverty），甚至是 5P 危机（另两个危机为粮食短缺和能源危机）。近几年全球发生了一些极端天气现象，从侧面反映了环境失衡给人类带来的危害。当今中国对环境和资源的保护提上日程，政府也出台了若干政策来进行环境保护。

因此，建筑与环境景观的一体化融合具有现实意义，环境作为"生态资源"，建筑作为"人文资源"，和人一起构成和谐关系。

（一）建筑与景观一体化联系的原则

1. 重视环境设计

设计要从环境开始构思，解放地面空间以增加植被和绿化面积，从而使景观环境最大化。而且要加强环境设计，争取在建筑周边开辟更多的绿化空间、广域空间，创造丰富有趣的活动场所。

不论是中国的古典园林景观建筑还是山水景观建筑，都注重环境甚于建筑。日本建筑师限研吾的"负建筑"理念，也是弱化建筑主体，让建筑消失在环境中，例如，其设计的中国美院民俗艺术博物馆的整个建筑匍匐在大地上，和山林融为一体。美国建筑师赖特的"有机建筑"理论，也强调了建筑与环境的融合，例如"流水别墅"位于山林中的溪流之上，山石、树林、流水和建筑相融合。

2. 整体性原则

当今的建筑设计面临的是规模增大、功能复合、设计周期缩短的环境，很多项目用地动辄几万、几十万公顷，不是一栋建筑可以解决的。城市、场地、建筑群体和环境应协调，建筑和环境、建筑群体之间以及建筑内部空间和外部空间之间也要协调统一。现实工作中建筑设计和景观设计隔离，常常是先做好了建筑，再在剩余的场地见缝插针地融入景观设计，难免使环境和建筑呈现割裂感。因此，在规划设计之初，设计者就应整体考虑，这样不仅能使建筑和环境相融合，而且能增强空间的趣味性，优化人的体验感。

3. 因地制宜的原则

不同的环境造就不同的建筑形态。中国的不同地域有着不同的建筑类型，例如北京的四合院、云南的一颗印民居、贵州的吊脚楼等。《园冶》中卷一开篇《兴造论》中就提及，园林巧于"因""借"，精在"体""宜"，在《相地》中又分别讲述了山林、城市、村庄、郊野、傍宅、江湖等不同环境中的造园。在如何对环境和自然条件加以利用方面，当今的规划设计更应遵循因地制宜的原则，对山地、丘陵、平原、湖泊、海滨等地形地貌做出不同的应对策略。

4. 生态可持续

当今自然环境的恶化使人们的健康受到了一些影响，而健康舒适的生活是人们所希望拥有的。建筑师赖特曾反对建筑中空调的使用，认为它破坏了建筑和环境的整体和连接。柯里亚的低技术设计，则利用风、光、热等自然环境，减少了对空调、人工照明的依赖。

（二）建筑与景观一体化联系的内容

1. 空间融合

（1）进行内外空间的互融叠加

建筑与景观空间的融合主要体现为建筑室内外空间的渗透交流，两者之间没有完全的实体隔断，或是通过观察者的感受产生出空间的模糊流通性，即围合界面的可渗透性及活动人群体验中物理和心理层面上的可互通性。灰空间（可理解为过渡空间）的设置是常用的一种内外空间联系手段，不仅体现在内外空间围合构成部分的实体叠加上，而且体现内外空间的各自功能以及人为活动的整体性。

（2）建立一体化场所

场所是由空间和环境组成的、具有一定精神内涵的区域。只有将空间转变为场所，对于建成环境才是有意义的。不管是建筑空间的营造还是景观空间的营造，均体现了人们对空间场所性的追求，而突出场所性就是突出空间功能的第一要义。由于场所设计的差异，所形成的场所感不一，如果再将建筑与景观割裂开来，势必造成场所感的分裂，使体验者产生困惑和不适。因此，建筑与景观一体化的最终目标是建立一体化的场所。

（3）优化建筑与景观空间

通过建筑与景观空间的融合，能够将建筑区域内无序的消极空间通过内外的展示空间序列整合为新的空间活动线，将原有的边角空间作为节点与内外路径结合为可使用的场所，拓展各类公共活动和交往空间，使人的活动向建筑空间渗透，激发场所活力。同时，建筑空间中的功能性组成部分也是对景观中人的自发性行为的有效整合，通过各式不同的建筑功能单元有序地组织景观空间中的活动线和内容，从而推动建筑与景观空间共同发展。

2. 形态契合

（1）实体形态——物质形态的契合

建筑与景观物质形态的契合，包括肌理、造型、色彩、尺度等外部表象的契合以及空间内部特征、结构的契合，让身处其中的人产生连续一体的空间感受。常用手法包括在建筑中引入景观，将建筑形态模拟为自然地形。在建筑中引入景观，并不掩盖结合功能、地域、空间、艺术等多种因素形成的人工化的建筑形态，而是将景观纳入建筑设计，形成建筑中的室内中庭、露天花园、室外平台等，促使自然化的景观与建筑形态有效地融合为一体。建筑形态模拟自然地形可以大大减少人为造成的对建筑周围自然生态环境的影响，扩展景观空间、区域生态空间以及人们的视觉空间。山地、平原、盆地、丘陵等都有其特征，因此必须针对各自地形的特色开展相应的设计和建造。地形中典型的当属山地，可依据山体坡度差异采取不同的接地模式，使建筑与山地自然景观相协调。

（2）虚体形态——文化生活的契合

建筑与景观一体化，除了涉及自身物质形态要素的作用之外，空间中人的活动、事件的发生也具有一定的渗透性和连续性，即生活场景和居住文化的延续，包括当地的历史文化和自然环境的特征以及保留下来的特色活动等，可看作当地居民有记忆的、愿意在其中开展活动的特色文化形态。其中，建筑与景观对于传统空间形态的延续与继承，可通过对碎片化的传统元素进行提炼、抽象、组合及再创造，从而再现原有的空间格局、结构、界面材质等，实现对当地文化生活的延续与继承。

3. 功能复合

（1）建筑与景观功能的复合

在一些建筑中，建筑与景观功能上的分离以及建筑内部功能的单一使建筑内外隔离严重。建筑与景观一体化设计意味着建筑与景观要成为一个整体，因此在这一整体空间中，建筑必须具备景观的功能，而景观也要具备建筑的部分功能，这样两者才能够实现真正的融合。如景观功能的多样化、行为活动的丰富化，是功能限定的建筑空间需要引导渗入的，而建筑内部空间的个性化限定，也是景观空间组织复杂多样的行为活动所需要的。通过一体化不仅可以实现空间功能上的复合，使两者的功能和作用得到完善和扩展，而且促成了活动行为的引导渗透，使两者协同性发展，建筑与景观空间更具整体性和舒适性，更有效率和活力。

（2）空间功能与人的行为

建筑与景观的功能与体验者的行为是相互作用的，不同的空间功能模式满足人们的不同行为活动。建筑与景观的功能需要以当地文化与体验者对于空间功能的需求为支撑，充分考虑各种人群需求，以求做到人们在商业、娱乐、休闲等各种行为活动中能够得到相应适合的空间环境以及与之发生良好互动，共同构成有活力的建筑与景观空间。

4. 文化整合

作为人们日常活动的行为载体，建筑与景观的形式表现是最易得到人们利用、接触的。设计师在设计建筑时，不仅应注重与周围自然环境的呼应，而且应体现当下的思想与精神文化，表达传统的、时代的、民族的、地域的文化性。为达到这种效果，应当对建筑与景观设计中文化的表达加以整合考虑，创造文化生活特有的行为载体空间，促进特色文脉在建筑与景观中的表达与保护传承。建筑与景观承载着相应的人类文化活动，也应该紧紧围绕同一主题，通过相同的文化符号、尺度，给予人们相同的文化感受，从而创造出同一的文化交流场所。

5. 专业配合

（1）程序上的配合——提高景观设计在建筑规划设计中的地位

光看建筑设计师与景观设计师这两种职业的名称，结合空间上的意义，可以推测出两者之间存在一定的关联。空间设计并不满足于仅实现优质的景观环境或者别致的建筑，往往追求达到自然景观、建筑与良好生活氛围的整体和谐，其中任何一个环节的疏漏都会影响最终的呈现效果。在建筑与景观一体化设计过程中，建筑设计和景观设计之间不存在谁是谁的附属，提倡将景观设计作为建筑项目设计策划中一个重要的部分，由始至终地在建筑工程项目中进行贯穿，对建筑设计起到主动性的作用。

（2）意识上的配合——建立建筑的景观意识与景观的建筑意识

①建筑的景观意识。它意味着以景观规划指导建筑设计。首先，树立整体设计思想。打破以往"以建筑为中心"的设计理念，深入考察和把握建筑本体周边环境以及景观相关的情况，如设计建筑入口、围墙、室外楼梯、连廊等细节时，运用景观进行巧妙修饰，打破冷峻的建筑线条，营造轻松亲切的氛围。其次，利用建筑完善景观。建筑作为环境的一个组成部分，不需要完全被动地适应周围环境，但设计师应当主动进行适当的调整来确保建筑与环境的整体氛围，乃至对周边环境产生积极影响。例如，景观化建筑往往将景观作为建筑的设计要素，将景观设计风格、技术、工艺融入建筑设计中，进行全方位的空间整合，尤其体现在一些地标建筑、展览建筑中。最后，用景观的思维解决建筑限制。考虑到地域因素和人的需求，可将景观设计理念融入建筑设计中，如景观所涉及的美学意义有助于提高建筑周围的环境品质。这就要求设计师具备景观意识，整合建筑与景观的特点，实现互通和统一。

②景观的建筑意识。它一方面是指在景观设计过程中借助建筑的理性思维挖掘景观的深度，通过对自然、人文等的综合分析与推理，使景观建造过程科学严谨，体现其对应的功能性；另一方面是指利用建筑技术辅助解决景观设计中的诸多限制，实现造景创意。

第三节　现代景观建筑的内容

一、景观建筑的相关概念界定

（一）景观建筑的概念界定

"景观建筑"这一概念包括很多含义，目前国内学术界对其概念的界定主要从广义和狭义两个方面进行区分。

广义上的景观建筑意为景观营造之意。Landscape Architecture 的概念最早源于19世纪末的美国，其中文翻译为景观建筑学。景观建筑学作为一门综合性学科，其理论研究内容涉及生态学、社会学、美学和心理学等方面，实践工作则包含生态环境规划、园林绿地规划和城市设计等，涉及对象大到整体规划、广场、街道，小到雕塑、小品建筑、户外服务设施等。

狭义上的景观建筑指能够提升环境、组织空间的景观建筑，具有使用功能和景观功能，包括中小型建筑物或构筑物、雕塑及小品设施等。

景观建筑作为提升空间、组织环境的重要组成部分，与其他建筑的区别在于不仅作为人与自然沟通、观景的重要媒介，而且其本身具有十分重要的观赏价值，即兼具"观"与"被观"的双重性。

在人类历史发展的长河中，建筑在人与自然环境的沟通中起到了无可比拟的重要作用。它的作用主要体现在两个方面：物质层面和精神层面。首先，建筑为人们提供物质层面的帮助，其次，满足了人们与自然环境沟通在精神层面的需求。建筑作为人们栖息生存的庇护场所，在满足人们基本生活起居需要的基础之上，供人们生活、居住、从事各种活动，可知建筑具有一定的实用功能，是人们遮风避雨和生活活动的场所。而建筑在精神上的功能，指人们通过利用建筑与自然沟通，产生精神寄托，在精神上获得满足，从而产生心灵的共鸣。早期的景观建筑主要是满足人们与自然沟通而建造出的专为休闲娱乐、祭祀和纪念等需求的精神场所，如金字塔、泰姬陵以及中国古代园林中的亭、台、楼、阁等。随着社会的发展和环境的变迁，景观建筑与现代技术、材料等相结合，被赋予了更多的功能，逐渐实用化和公共化。一些新兴功能的景观建筑根据人类的需要不断被创造，传统景观建筑的功能形式也不断被革新。

综上所述，景观建筑在发展中不断更新以适应环境的变化，由之前传统单一的观景模式转变为多元的观景空间，景观建筑与自然环境的融合打破了传统思维的建造模式，展现出一种新的表达方式。当代景观建筑的新形态的出现丰富了人们与自然环境的沟通语言，丰富了公共空间的组织形式，使公共空间变得更加生动，呈现焕然一新的新格局。

（二）景观建筑的功能与分类

设计师在景观建筑设计过程中，应以全局为立足点，以组织和提升景观空间的基本诉求为出发点，在考虑景观建筑使用功能的同时确保其设计存在的合理性。从古至今，大量的景观建筑被不断建造，传统的佛塔、寺庙、亭、台、楼、阁和当代的瞭望塔、观景台、展示型场馆等景观建筑都作为环境空间中的"点睛之笔"，传递出场域所需要表达的信息。

1.景观建筑的功能

景观建筑具有"观"与"被观"的功能属性。

一方面，就个体而言，景观建筑在用于"观景"时，具有一定的建筑功能。景观建筑可以将富于变化的景色引入内部空间之中，通过框景、夹景、添景等手段，塑造良好的景观视觉体验，达到移步易景的效果，满足人们观景活动的需求并在空间中产生具有服务性的实际作用。就整体而言，景观建筑作为公共空间中的构成要素之一，在公共开放空间中要符合空间布局的设计原则，起到点景、组景、观景、限定空间等作用。罗马的建筑师维特鲁威在他的著作《建筑十书》中将"适用"纳入建筑三要素中。在以后的发展过程中虽要素侧重点有所变化，但并没有抹除功能在设计中的主要地位。

另一方面，景观建筑在用于"被观"时，具有一定的景观的功能。它追求与环境的融合互动性，来适应于周边环境的可变性。设计者恰如其分的设计，会考虑到景观建筑与周边环境的参与融合感。设计者可以通过在建筑外部形态上运用独特的材料来影响建筑的情感，使建筑本身传达地域性特征，融入自然环境之中来服务环境，从而展现出独特艺术性和整体感，使观者在精神上得到满足和愉悦，获得全新的不同体验。景观建筑的功能虽不能直接服务于整个环境，但能够弥补和完善环境中所不具备的功能，进而达到提升和组织空间功能的作用。

2.景观建筑的分类

（1）从功能角度划分

从功能角度对景观建筑进行划分，大致可将其分为两类。

一类是功能单一或无固定功能的景观建筑，构筑物体量通常较小，如乡村戏台、瞭望台、公共休息厅等。这类景观建筑能够满足人们回归大自然的需求，帮助人们得到心灵的释放。另一类是功能较为复杂的景观建筑，兼具观赏性和服务性，如休憩驿站、博物馆、会展中心等。这类景观建筑环境适应能力强，适合用于不同的自然场所之中，符合与自然环境相协调的设计需求。除此之外，还有部分景观建筑同时具有象征和代表意义，可表现出地区的历史文化或代表某种场所精神等，如金字塔、长城等，景观建筑的体量由自身功能和环境的协调性所决定。

（2）从性质划分

景观建筑根据其性质可分为三类。

①兼具物质功能与精神功能的建筑。这类景观建筑在具备极强实用性的同时，其建筑造型也很有特色，可以成为环境中的焦点存在，如一些游客中心、美术馆、博物馆等。

②精神功能大于物质功能的建筑。这类景观建筑主要是造型更具艺术特色，建筑本身仅具备一些简单的使用功能，多为休闲娱乐之用，如亭、台、廊道等建筑。

③主要作为装点风景的建筑。这类建筑的主要作用就是装点环境，如一些公共艺术品、雕塑、水景、花坛等景观构筑物。

二、现代景观建筑的内容

（一）现代景观建筑的定位

现代景观建筑代表一种新的建筑创作理念，其特点是把景观分析融入建筑的设计之中，通过景观评价来确定建筑在景观体系和自然环境中的角色定位。因此，现代景观建筑是包含于现代景观设计体系之中的。

现代景观建筑并不是孤立的，任何现代景观建筑都离不开特定的具体环境。现代景观建筑在所处环境中往往起着组景、点景、观景、围合限定空间、组织游览路线等作用，是构成景观系统的一个要素，因此其规划布局与建筑造型就显得非常重要。一方面，现代景观建筑受到环境因素的影响和制约；另一方面，现代景观建筑也会对所处环境起到美化或者破坏作用。

只要从环境的宏观、中观与微观三个系统层次对景观建筑环境进行调研分析，就可以帮助我们树立系统的环境观，学习到环境因素分析的方法。宏观方面包括地域范围的地理、历史、气候、文化、民俗因素等，中观方面包括城市范围的空间、建筑风格等，微观方面则包括具体建设地段的朝向、交通、景观、空间构成、现有建筑布局等。

（二）现代景观建筑的作用

景观建筑的发展历史源远流长，每一次社会的变革和经济的发展都会带动景观建筑的发展，衍生出富有特色、造型多样的建筑类型。早期的景观建筑都是与园林、庭院相生相伴的，来自世界各地的景观建筑沿袭区域的特点，受时代文化思潮的影响展现出不同的风格特色。早期阿拉伯景观建筑沿袭了波斯的矩形小庭院格局，后吸收西班牙和印度部分地区建筑的风格，创建了两种新式的庭院：西班牙阿拉伯式庭院和印度伊斯兰式庭院。具有特色风格的建筑还有代表地中海式建筑风格的克里特岛和迈锡尼建筑、希腊雅典的集中式纪念性景观建筑、西欧城堡果园中产生的游廊等。14世纪，受文艺复兴的影响，景观建筑再次得到发展，产生了许多造型多样和极具创意的景观建筑。以希腊、罗马文明为基础创造出的宗教建筑成为当代值得考究的人文景观。以中国为代表的东亚地区，在造园方面有着悠久的历史，亭、台、楼、阁、廊、舫、轩、榭等都是极具中国特色的景观建筑。传统的中国景观建筑也影响了周围的日本、韩国、马来西亚等地景观建筑的发展。尤其是在佛教文化因素的影响下，各国产生了很多优秀的建筑作品。景观建筑对城市和乡村发挥了空间点缀作用。在多种文化、艺术等意识形态领域的变革影响之下，各国产生了许多充满现代思潮的景观建筑。

现代景观建筑的作用主要体现在以下方面。

1. 提升景观质量

从优化环境空间的角度来说，景观建筑被设置于环境之中，其自身的美感与周边环境保持某种合理且完美的联系，能够提升整体景观空间的质量。景观建筑在结合环境与地形的同时，能够凸显自身的个性特征和艺术性。

在经济快速发展的今天，社会大众对人居环境的质量越发重视。景观建筑能够体现一个地区的形象特色，它通过营造地域性的视觉空间来改善周边环境，达到独特的空间艺术效果；通过最大化的使用效率弥补自然环境空间的不足，改变空间的构成形式，来达到辅助自然环境的空间效果。

同时，景观建筑通过协调建筑的地域特色、环境空间、人的需要及社会属性，展现了建筑、人与环境三者之间协调与制约的关系；通过展现其自身的艺术性、合理性、地域性、综合性等特征，改变了自身和当前环境空间的质量与形象，从而为人们提供优质的生活环境和服务。

2. 空间组织

空间的本质在于可用性，也就是空间的使用功能。环境空间通过景观建筑的辅助凸显其地域性的特征。设计师通过对景观建筑的把控，利用景观建筑与环境建立联系，形成一种景观建筑与环境之间的呼应关系，并运用起承转合的设计理念在关键节点处进行布局，在衬托环境的美感的同时展现景观建筑的组织特色和艺术感染力。

景观建筑设计的根本目的在于为人们创造观景空间。空间的形状、体量、结构、材料、色彩等要素表达了它的实用性与功能特点。除空间自身的功能与特点外，设计师还应注意到空间与环境之间的组织关系和融合共生。因此，设计师在对景观建筑进行设计时，应重视景观建筑对空间的组织作用，以当地环境为依托，感受环境所带来的人文情怀和区域特点，实现环境与景观建筑的和谐统一。

（三）现代景观建筑的泛化与转变

1. 现代景观建筑的泛化发展

现代景观建筑的泛化发展主要体现在它的适用范围越来越广。新型环保材料的出现以及与钢结构的并用让景观建筑形态趋于多元化。景观建筑与媒体技术的结合使用改变了环境与人之间的交互模式，在多种材料、结构与技术的相互影响之下，衍生出适用于不同环境特征的景观建筑新形式。景观建筑在环境中所表达的设计理念影响了景观建筑的性质与类型，伴随着新的功能需求、科技的创新和人性化观念的深入，景观建筑进入更深层次的设计领域，即融合共生。从功能来说，景观建筑逐渐趋于复合化和多元化，其涵盖的功能类型也较为广泛，包括具有服务性、休闲性、教育性等功能的景观建筑。如杭州临平体育公园休息驿站，与其他景观建筑一样具有优美、个性的外部造型和内部环境。该景观建筑外部形态呈现多元化和不规则化，通过使用不规则的曲线造型展示了层次的丰富性；空间上采用了强烈的虚实对比，模糊了内外界限，镂空的虚空间与厚重的建筑实体对比穿插，使景观建筑在视觉上形成互动，让空间变得错落有致并富有节奏感和韵律感，满足了"观"与"被观"的空间特点。

公共开放空间对人文关怀的体现，有助于提升环境的质量和水平。景观建筑在其泛化发展的过程中，通过探索新的表达形式来平衡与环境之间的关系，营造独特的空间氛围，激发人们对环境空间的表达，完成信息传播。从这点来看，虽然景观建筑在信息的传播、影响力方面比不上多媒体快捷和广泛，但在本质上有一定的共通性，而多媒体技术与景观设计的结合，使景观建筑在信息传播的过程中表现出与多媒体更加贴合的特性。景观设计与多媒体技术的结合，可以帮助人们更快速、方便地了解景观建筑传递的信息和理念。同时，人们在欣赏景观建筑时的感受和想法也可以通过多媒体进行收集，再反馈给景观设计人员或管理人员，增强对景观建筑的正面影响。

2. 现代景观建筑的转变

（1）新功能的需要

景观建筑的传统形态样式颇多，如亭、台、楼、榭等类型的景观建筑侧重于强调观赏性，满足人们精神上的需求，样式工整而富于变化。伴随着物质文明的不断发展和人们生活水平的提高，景观建筑的受众群体在不断扩大，使景观建筑逐渐从景观设计中独立出来成为一门单独学科。

为满足大众实用性需求，景观建筑在功能方面侧重于实用性设计，以满足人们对艺术展览、体育赛事、娱乐休闲等活动的需求。如国家游泳中心（"水立方"）、龙游县博物馆、杭州拱墅智慧网谷小镇展示中心"网谷之眼"等景观建筑都证实了当新的功能出现时，景观建筑的外部形态也会发生变化。

（2）新技术和新材料的出现

随着时代的发展，新的技术和材料被广泛应用于各个领域之中，景观建筑作为应用领域的一部分，不论是形式、结构还是建筑表皮肌理的处理都受到了深刻的影响。同时，设计在保留传统景观建筑构造的基础上又进行了不断创新，使景观建筑领域在各个方面呈现崭新的一面，体现了丰富性和多样性的设计特点。

传统景观建筑多为木结构，选材也以木材为主，有着复杂而又繁多的建造程序。材料和技术的变革，金属、玻璃、陶瓷、混凝土、环保材料等新材料和复合材料的使用，实现了景观建筑在跨度、高度等方面的突破，给设计带来了更多的可能性。

（3）人性化设计理念的深入

当今社会，受城市规划等因素的影响，人与人之间、人与建筑之间产生了一些隔阂，建筑作为人与环境沟通的媒介，并没有充分发挥其提供空间、促进交流的功能。为了打破这种局面，丹麦建筑师扬·盖尔在研究行为和空间时，认为设计的人性化思考对空间与交往的互动存在着很重要的意义。

景观建筑设计要符合环境要求，设计师在认真对待空间中活动的同时要赋予其某种情绪，引起人在情感上的共鸣来实现与环境的互动。人性化设计注重元素与细节的表达，体现为人服务的设计特征，设计以整合环境、地域特征为出发点，强调空间体验与感受，引起人对空间的认同感，进而实现进一步的互动来更好地服务生活。

三、景观建筑的发展趋势

景观建筑作为人与自然沟通的媒介，与社会的发展是密不可分的。随着科学技术的进步、新材料的出现、设计理念的转变以及在其他学科的影响之下，景观建筑秉持与环境共生的设计理念，探索出一条设计的新思路——人居环境质量的不断提高使景观建筑呈现多元化的发展趋势，以适应周边自然环境的不断更新与变化。

（一）技术与艺术相结合

设计的初衷是让先进的生产技术与人们追求的艺术表现相结合而得到实用性

与艺术性兼备的产品。景观建筑设计作为一种综合性的实用艺术表现，需要多种学科知识来支撑，而现代科学技术的飞速发展使景观建筑可以不断地进行突破与创新。在新的技术得以运用的同时，景观建筑设计也需要艺术的渗入，从而将实用功能与艺术化效果结合在一起，在优美的造型中展现最新的技术成果，这也更加符合现代人的审美观念。

科技是人类文明的验证，艺术是优秀文化的沉淀。景观建筑需要艺术来提高审美，也需要技术来支持更新。景观建筑可以吸取现代艺术丰富的形式语言，创造出兼具地域形式、空间和技术的建筑语汇来满足人类意识活动需求，建造出传递个性的景观建筑形式，并在技术和艺术的不断推动之下，呈现符合时代审美的艺术效果。

科技的迅猛发展影响着各行各业的更新。当代景观建筑融合多种媒体表现技术影响着人们的生活并改变了人们的生活方式。在技术和艺术的融合影响之下衍生出的全新的概念形式和表现手法，为景观建筑的实际建造、形态创新增添了多种可能。3D影像技术、VR技术等新技术媒介的出现丰富了人们的观景形式，让观者参与到景观建筑与环境的交互融合之中。如位于西班牙里斯本塔霍河边融入周边环境的科技馆、上海科技大学的景观塔等，结合先进的现代建筑语汇，将区域和现代技术融会贯通，设计出了具有区域特色、表达结构形态张力与材质美感的景观建筑并赋予其情感，烘托了时代氛围。

此外，与新能源结合的现代建筑可以形成能源收集系统，进行能源回收并运用到自身乃至整个地区，如丹麦的能源塔、瑞典的稻草摩天大楼、中国武汉的"马蹄莲"大楼等，通过利用能源科技与景观建筑结合，设计出以人为本、融于自然的景观建筑新形态。

综上，通过技术、艺术的协助突破传统，为景观建筑注入新的活力来推动设计的进步，成为景观建筑领域发展的必然趋势。

（二）景观建筑与地域性相结合

景观建筑是基于时代背景，受地区经济、政治、文化和意识共同影响形成的产物。地域性景观建筑拥有独特的地域形态和民族烙印，记录了不同地区景观建筑的形式风格和人文特色。以地域性来代表景观建筑，既能彰显地域个性，又能传承地域文化。

但是，当代景观建筑的发展存在同一化问题。为了使景观建筑区别于其他地区、提高地域识别度，当代景观建筑的设计应结合区域地形地貌、风俗习惯及人文历史特征等，展现出以地域性为核心的设计理念，因地制宜，设计出与地域性相结合的景观建筑形态。

（三）景观建筑的感性与人性化

人是感性动物，景观建筑不仅仅是人们欣赏风景、游玩休憩的地方，更是人们进行情感交流、缓解精神压力的地方。好的景观建筑环境设计是可以让人感到赏心悦目的，同时能感到景观建筑环境与自己的联系和互动。例如，在苏州博物馆里的紫藤园中，有一株紫藤据说是从文徵明（明代画家、书法家、文学家）当年亲手种植的紫藤上移植而来的。当人们坐在这紫藤架下休憩喝茶时，闻着香味，看着紫藤，好像穿越时空回到了明代，在这株紫藤下与文徵明一起饮茶吟诗。"情感化"让景观建筑具备了吸引人的魅力，这就是感性化能促进景观建筑发展的重要原因。

景观建筑设计归根结底是以人的需求为出发点的，所以人在景观建筑环境中的感受很重要。对于人来说，过大的建筑尺度容易使人对建筑产生疏离感，而过小的建筑尺度会让人在空间内感到压抑。景观建筑一般是体量较小的中小型建筑，设计师在进行设计时，景观建筑内部与外部的尺度感须着重注意，要让人感到舒适。而且随着人们的需求变得越来越多元化，景观建筑也要尽量满足人们的需求，实现多功能化，这样在吸引更多人进入建筑的同时也能更加节约土地资源。

在人类生活水平越来越高的今天，人性化越来越受到重视与关注，而人性化设计在未来景观建筑设计中也一定会越来越多地得到体现。

（四）景观建筑与自然环境相融合

当代景观建筑的规划设计更加注重在整个生态系统中发挥地域性、气候适应性、生态性等综合效能。北京大学俞孔坚教授认为：任何与生态过程相协调，尽量使其对环境的破坏影响达到最小的设计形式都称为生态设计。

生态环境本身就是一道靓丽的风景线，景观建筑作为看似随意的点缀可以达到提升环境、组织空间的功能与目的，创造出与自然融合共生的有机体。设计应将着力点放在人与自然的关系上，尊重自然，通过预留空间来引导场地中的活动，不断尝试找到代表二者关系的媒介，实现景观建筑与自然环境的融合。

（五）景观建筑的可持续发展性

在生态环境越来越受到重视与关注的今天，可持续发展作为一种提高人类生存状态、降低环境负荷的发展理念，被广泛地应用到各种领域，而在景观建筑领域中，可持续发展理念发挥着重要的指导作用。1993 年美国发布的《可持续设计指导原则》，针对自然环境、人居环境、能源利用等多方面社会因素所存在的问题，探讨了可持续发展理念如何在这些方面进行应用，并制定了相应的指导原则。到了 21 世纪，社会发展与科技水平进步速度飞快，可持续发展理念在这种快节奏的社会与科技变化之下，对于协调人类与环境的关系起到了非常重要的作用。在景观建筑呈现多元化特点的今天，如何在景观建筑设计过程中对自然资源合理使用和循环利用，是可持续发展理念发挥作用的关键，也是关于人类社会发展的新主题。

第二章 中西方景观建筑的发展

中西方文化差异的存在所表现出来的中西方景观建筑也存在差异，中国传统文化视野中的景观与建筑与西方文化演进中的景观与建筑有着各自的特色，西方近现代以来的景观与建筑发展更印证了社会和文化因素对景观建筑的影响和制约。本章分为中国传统文化视野中的景观与建筑、西方文化演进中的景观与建筑、西方近现代以来的景观与建筑三个部分，主要包括中国景观建筑的变迁、中国传统文化中的景观与建筑、景观与建筑的中国传统文化继承、中国传统文化元素在景观与建筑中的创新、西方近现代景观建筑的发展概况等内容。

第一节 中国传统文化视野中的景观与建筑

一、中国景观建筑的变迁

中国的景观建筑最初诞生于中国传统古典园林之中。中国古典园林的造园设计大多用来满足封建统治阶级的物质和精神需求，如皇家园林，此外还有一些私家园林为各地富商所有，可以说，这些园林里的园林建筑只满足特定人群的需求。相比之下，中国现代景观建筑设计多为开放性、大众性的，并且强调的是与整体自然环境相协调而不是局限于园林环境内。在这种区别下，中国现代景观建筑设计的范围与内容相比以往有了很大的区别，一方面是对传统园林建筑的保护、修缮与开发，另一方面是自改革开放以来城市中公园、绿地、街区、广场等开始大量建设。设计师在设计景观建筑时，需要着重考虑不同地域的自然环境、人文环境以及人群分布，努力适应不同地区人们的需求。

（一）中国园林景观建筑的变迁

园林被文人雅士认为是逃避俗世的避世之所。在此之后经历了漫长的时代发展，城镇化的深入发展让景观设计在城市之中的应用越来越广泛。

魏晋南北朝时期是中国历史上一个文化发展的重要时期，在此时期出现了文化繁荣的盛景，这一时期的园林景观建筑成就也十分突出。在这一时期园林景观建筑主要由园林的归属者来决定园林的属性，主要分为皇家园林、私家园林、佛教园林这三种属性。由于魏晋南北朝时期文人画家参与到造园当中，以至于这一时期的皇家园林在设计风格上经历了很大的转变，与秦汉时期的皇家园林设计建筑风格形成了鲜明的区别。这一时期的造园作品中最具代表性的是华林园，其整个园林设计上对于自然风景进行了映射。虽然魏晋南北朝时期的造园作品现在已经无法见得，但是这一时期的造园意境和手法深远地影响了后世造园设计的理念。首先，魏晋南北朝时期的园林设计风格具有鲜明的设计特点，园林景观建筑不再追求恢宏的大规模，而是提倡清新、秀雅、小而美的整体性美感。其次，园林景观建筑本身更加注重对于自然环境、自然场景的还原。园林景观建筑的规则主要注重对于整体关系、气氛的营造，而不是对于具体场景的打造，造园所提倡的是营造出富有托物明志意境的景观。这一时期的造园设计风格与当时的文化思潮有着很大的关系，由于当时的文人普遍追求在世的清修养性，因此园林设计风格成为对于老庄思想的一种注脚。

清朝是我国园林发展史上的另一个极其重要的阶段，我国的园林景观建筑在这一时期达到鼎盛，并且这一时期的经典案例迄今为止可以见到。明清时期的园林景观建筑设计逐渐趋于完善，并且功能性完整，这一时期的园林景观建造的功能性可以称为中国历史之最，例如清朝的皇家园林颐和园中能够满足皇家帝王日常的所有活动需求。同时，这一时期的园林的设计建造形式较为丰富，不仅有江南园林的小巧别致，而且有北方园林所独具的宏伟气魄。伴随着建筑技术的不断发展，每个地域呈现出具有不同特点、形式的园林景观建筑的艺术性，建造手法的升级让园林景观建筑中的许多建筑构件得以从承重当中解脱出来，以更加自由、艺术的方式进行设计表达。在这一时期诞生了著名园林建造著作《园林》，它是园林设计营造方面最为权威、全面的著作。该书对于当时的园林建造工艺、设计理念进行了较为全面的记录，对于当时以及后世的园林设计建造起到了指导作用，也形成了关于园林设计最早且最全面的理论体系。

从传统文化的发展中可以发现，对于景观建筑设计而言，传统文化发挥了重要的影响，并且在不同的时代背景、地域影响之下，景观建筑设计的呈现也不尽相同。景观建筑设计与当地的文化传统和地域文化相关，并且景观建筑也是对于文化特征的一种反映，文化繁荣时期通常伴随着卓越的景观设计成就。今天中国经济文化处于飞速发展的时期，中国景观建筑设计也处于重要的发展阶段。设计师应当建立符合中国传统文化的景观建筑设计策略，除了加强对于物质技术层面的研究之外，还应当从文化发展角度入手，对于文化领域的意识提升加以重视。中国在过去几千年的发展历程中，文化成就显著，因此我们更应该对于如何将中国传统文化应用到当代的景观建筑设计当中进行研究和思考，从而获得新时代背景下的文化认同。真正适合中国的景观建筑设计必然是为中国传统文化所认同的，符合中国文化特色，通过建造此类场所的方式可以实现有机的城市更新，让城市体现出中国传统文化视角下的崭新面貌。

（二）中国现代景观建筑的发展

现代意义上的中国景观建筑更强调大众性和开放性，并以协调人与自然的相互关系为前提。与传统的园林设计相比，现代景观建筑的主要创作对象是人类的家，即整体的人类生态环境，其服务对象是人类和其他物种，强调人类发展和资源及环境的可持续性，这是二者的根本区别。在这个前提下，现代景观建筑的创作范围与内容有了很大的发展与变化。除对已有古典园林的保护与修缮外，城市中各种性质的公园、广场、街道、居住区及城郊的整片绿地都是现代景观建筑的内容。

随着新材料、新技术的不断发展，中国景观建筑上的新型建筑材料应用层出不穷，钢筋混凝土、木质等传统建筑材料正在淡出舞台，取而代之的是玻璃及膜结构衍生出来的钢质及化学类原料。这些新型建筑材料以其简洁明快、活泼、可塑性强等优点受到人们的青睐，给设计师提供了广阔的想象空间，其应用作品往往不仅能充分表达设计师的创作理念，而且都充分地传递出浓厚的现代气息。

（三）中国传统文化在景观建筑中的发展

不同于可以直接拿来照搬的设计风格，中国传统文化在当代景观建筑中产生的影响是经历了不断的传承和迭代之后才形成的，其传承和迭代的过程大体可分为以下阶段：传统文化对于设计应用形式的影响、从设计形式到设计观念的转变、基于可持续发展理念的设计融合。

1. 第一阶段——传统文化对于设计应用形式的影响

一个国家的文化底蕴会在其景观设计、建筑设计风格上有所体现，尤其是在景观这种造型、装饰都较为明显的形式上。设计应用形式上的影响是中国传统文化对景观建筑前期阶段最浅层的应用形式。形式对于设计的影响是最直观的外在表现方式和设计手法上的影响，是最容易入手进行设计的。早期，我国各地的景观建筑设计普遍采用的是应用形式的沿用。仿古式设计曾经是我国诸多城市尤其是旅游地区的热门景观设计形式——设计师将古建筑或者是古代园林形式进行模仿和照搬，然后安放到旅游区、老城区甚至是新城区当中，这种就是最典型的中国传统文化对于设计应用形式的影响。这种表象上的模仿和照搬所产生的设计结果就是千篇一律的粉墙黛瓦、马头墙、宫廷式屋顶。这种模仿、照搬中国传统文化元素特质参与景观建筑的方法，虽然能在某一阶段内满足大众的审美需求，但是这些设计本身常常不能充分体现文化内涵、缺少融合性，并不能从根本上起到美化城市的作用。这种对于表现形式的强调，其实从某种意义上造成了中国各地区的景区景观的千篇一律，破坏了真正具有中国本土特色的地域性景观，这种盲目的模仿照搬式仿古很容易忽视近现代的中国传统文化影响下的景观建筑风格。而城市中的景观建筑设计不应当是单一受到某种传统文化的影响而形成的，完善、健康的城市景观建筑应当是融合了各种风格文化之后的产品，是融合之后的一种和谐表达。在中国传统文化与景观建筑结合性设计应用的初期，受限于当时的时代背景和科学技术，设计者在这一时期缺少思考，导致地域性本土建筑的特色没有进行保留，形成了仿古热潮。

除了仿古建筑之外，伴随着城市改造美化进程的不断加深，越来越多的城市开始进行整个街区范围的改造和更新。在城市发展过程中，一些街道影响了城市整体的整洁性，因此人们对于这些区域进行改造，虽然从最终效果来说这样会美化环境、整洁街道，但是人们常常忽视这些街道内部的自更新，并且最终的改造效果千篇一律，缺少自身的特征。城市规划与历史文化建筑保护专家、同济大学张松教授对于以上所提到的这种单纯从设计应用形式层面进行的模仿设计提出了"改造和开发应该控制在城市整体规划的合理比例内，并且不应该一味恢复古代的辉煌建筑，而忽视相对晚些的过去"的观点。该设计理念对于中国传统文化在景观建筑中的具体应用形式产生了影响，引发了诸多设计师的思考。城市景观建筑的设计师所肩负的不仅有对于设计形式的打造，而且包括外在表现形式上对于景观进行仿古，设计师应当理性看待，应当更深层次地挖掘中国传统文化中的诸多意味。

2. 第二阶段——从设计形式到设计观念的转变

在近现代大规模出现中式仿古建筑的同时，中国传统文化在景观建筑之中的应用形式逐渐迎来了改变。早期，设计师在将中国传统文化融入设计时，第一时间想到的是中国建筑中那些显而易见的符号性设计，如斗拱、木质结构、藻井等，对于一些地域建筑也有相应的符号性印象。这种对于中国传统文化相关设计形式上的刻板印象造成了生搬硬套等问题，后设计师开始逐渐从设计形式上有所转变，开始对于传统文化中的文化符号进行符合设计需求的提炼和加工，然后再应用到自身的设计当中。在这一阶段，设计师将具象化的设计形式符号以抽象化的方式进行提炼和处理之后，让其与现代景观建筑设计相融合，形成了一种更具趣味的设计风格。

伴随着景观建筑设计理念上的不断更新，以及设计师等相关从业人员对中国传统文化不断深入的研究，景观建筑设计的方式逐渐实现了从设计形式到设计观念的转变。从这一阶段开始，在景观建筑设计中，越来越多使用现代设计语言与中国传统文化相结合的优秀设计项目和设计作品涌现，例如王澍（普利兹克建筑奖首位中国籍得主）的诸多园林意境作品，以及取意于古书画的诸多设计项目作品等。

设计师的设计结果必然是由其设计思考孕育而生的，而设计师对中国传统文化的思考角度影响着其自身的设计理念。因此，设计师将自身的设计语言与中国传统文化之间进行有机的结合，或者从中国传统文化之中截取符合自身设计形式的元素进行具体的应用，从而产生的设计结果必然是百花齐放式的。这一类设计作品让参与者能够在环境之中感受到中国传统文化的思想内核在景观中的全新体现，因此这一时期的景观建筑逐渐体现出自身所拥有的独特文化性，向世界传达出中国在景观设计领域之中所拥有的独特文化表现形式。从一味照搬到从氛围营造上来体现中国传统文化，是我国景观建筑发展过程中的一个重大进步。

3. 第三阶段——基于可持续发展理念的设计融合

在我国各行业中，可持续发展都是主流的探讨话题，人们对于环境有着较强的关注度，而在景观建筑中也逐渐兴起了对建筑更新和绿色、低碳等相关理念的提倡。从设计层面上来说，可持续发展理念应当从低能耗建造材料这一角度进行设计考量。在传统的景观建筑设计视角当中，作为第一考量条件的通常是景观设计和植物配置，而不是可持续发展理念中所强调的自然环境。在未来的城市景观建筑设计当中，对于中国传统文化如何在景观建筑设计中继续进行富有价值的迭代继承，理应从可持续发展角度进行设计思考，将自然环境、景观设计、植物配置进行综合性的可持续发展角度下的考量。可持续发展理念与中国传统文化之中"天人合一"的哲学观念有所顺应，在我国城市建设过程中，景观建筑设计的营造应当体现中国特色可持续发展理念。

二、中国传统文化中的景观与建筑

（一）中国传统文化

1.中国传统文化概述

中国传统文化是中国的民族文明、民族风俗、民族精神的总称。中国传统文化的形成主要受儒、释、道的影响。儒、释、道对中国传统文化的形成产生了至关重要的影响，是中国传统文化构筑的基础之一。

中国有着五千年的文明史，中国传统文化是中国的民族特质、民族风貌、民族文化的综合性反映。在中国传统文化中能够探查到中华民族不同历史时期、不同地区的文化思想和意识形态。中国传统文化的最终形成，离不开中华民族祖先的创造，它是在世世代代的传承和发扬之后最终形成的一种能够体现民族特色、包含中国悠久历史、具有博大精深的文化内涵的文化形态。中国传统文化包括人文、文学、艺术、社会形态等多个方面。

中国园林艺术的发展伴随着中国传统文化的形成走过了悠久的历史进程。不同地域的传统文化不尽相同，不同地域的园林艺术风格也有着千差万别，地域性和传统文化之间相互影响、相互作用，最终体现为园林艺术的不同体现形式。例如，江南地区多雨，植物种类繁多，因此江南园林中主要是体现植物和山水奇石的景观建筑设计；北方地区气候干燥，四季分明，且秋冬季节较长，因此在园林、建筑设计中经常使用较为鲜艳浓烈的颜色，以达到在沉闷素净的自然环境中让人眼前一亮的视觉效果。总之，中国地大物博，不同地区之间的传统文化也有很大的差别，在将中国传统文化与景观建筑进行结合讨论的过程中，不能忽视地域文化对景观建筑的影响。

2.中国传统文化中图案的作用

（1）社会价值

城市的景观建筑不仅体现了当地城市文化的特色，而且彰显了城市自身的魅力，承载了巨大的功能，是城市发展和自然景观的重要因素。在景观建筑设计的过程中，传统文化是城市建设的基石，传统图案的应用则是城市特色景观的重要体现方式之一。设计师在设计之前，除了要对地域文化背景进行详尽的了解之外，还应该将景观建筑现代化的表现形式与适当的传统图案相结合，使传统图案也作为景观的主题之一。例如，在现代园林景观体系中，合理地运用传统图案元素，在景观体系中会起到点睛的效果，如在飞檐、斗拱、壁画等细节之处穿插传统元素，这些细微之处可以让游客感受到传统图案元素深厚的文化底蕴。

此外，传统符号是隐式表达的一种形式，在当今许多地方的景观设计过程中，各种符号被用来通过景观的细节来展示不同角度的文化魅力，以降低大规模传统图案元素美化所需要的高成本和巨大工作量，这也不失为一种创新多变的创作方式。

总之，图案与景观相融的创作手法可以延续城市历史文化，使景观建筑成为城市的名片，成为地域文化宣传的载体。通过对传统文化内在的深入挖掘，实现外向地表达城市文化，这种创作手法使景观建筑除具有现代功能和审美层面的价值外，还被视为城市的文化遗产，得到大众的认可。

（2）历史传承

传统图案体现着中国人民的精神信仰以及审美观念，经过数千年的发展，在今天可以通过多种技术重现中国古代人民的生活画面。我们要以正确的态度对待这些留存下来的精神财富，取其精华，去其糟粕，继承创新。

古代园林景观给我们提供了很多有参考价值的艺术作品，随着时间的推移，我们现存的文化会和外来文化发生碰撞、融合，借鉴与学习外来文化是值得鼓励的，因为外来文化确实存在某些优点，可以用来弥补我们设计方面的不足，但在这个过程中，我们应将中国传统图案的历史传承性贯彻到底，不可摒弃本民族的文化精髓、淡化历史特征。我们应基于对本民族文化的充分尊重，把自身的优点与文化精髓合理地放大，进行有序传承，才能避免我们的传统文化失传，避免我们自己的本源历史被掩藏、埋没、遗忘。

（二）"天人合一"的景观与建筑

我国有着尊重自然的传统，且有相应的学说著作以此为出发点进行论述。例如，庄子在《齐物论》中提出人类本身是自然的化身，是天地共生的结果。此外，我国古代就有"天人合一"的观点，认为人应当寻找自然、自我之间的一种平衡，通过这种方式让有机的人体和浩渺的天地进行结合，让有限的生命在无限的世界中得以延续更新。法家著作《韩非子》中将自然环境与人类空间营造的行为进行了归纳："上古之世，人民少而禽兽众，人民不胜禽兽虫蛇，有圣人作，构木为巢，以避群害。"这一记载体现了我国自古以来空间营造的基本原则——注重周边的自然环境，这也是我国生态设计的最早理论雏形。

由于我国地域辽阔，各个地区之间的地域条件不同，因此造成了生态环境的区别。不同地域的人们在漫长的历史进程中研习归纳出了一套适用于自身所在地区的生活智慧，摸索出了适合自身所处地域的生活方式。地域条件的不同影响了景观建筑营造中所能使用的材料，决定了选址建造时候的地质、地形、地貌等客观条件，同时，不同的地域条件产生不同的风俗背景，这影响着当地人民不同的审美观念。因此，不同地区的景观建筑具有地域性特征的风格和形态，并且大多鲜明、直观。例如，南方地区水势较多，因此建筑大多依照水势建造；西北地区风沙大，地貌上大多土坡，因此窑洞较为多见；西南地区由于气候湿热，且山林间有野兽出没，因此建筑大多为底部抬高的干阑式建筑，用于通风和躲避野兽。这种极强的辨识性和特色，是在千百年的历史中，人们经历了与自然环境之间的磨合之后获得的生活知识。

在中国传统的风景园林建筑规划当中，设计初期的布局规划强调对于自然环境的模拟，并且在园林的构造中对于自然中的独特风貌进行体现。从建造的本质上说，合理的园林设计本身是设计师在工程设计前期干预的基础上将园林与大自然环境进行协调与统一，从而形成的样式与布局，是确保环境和谐存在的关键环节。

"天人合一"这一哲学理念在中国古代的诸多园林、建筑中皆有体现（如宫廷建筑、私家园林、宗庙建筑等），既有固定结构的相同性，又有外形因地而异的相异性。园林的设计和建造首先需要考虑选址，也就是地理位置，即提到的周边的自然环境。其次，园林的设计和建造需要考虑景观设计所应当具备的美学意义。相比于大型的园林景观，小型园林的设计更注重营造富有意境和哲学思想的小品来体现"天人合一"的设计理念。

（三）极化共存的整合意象

在主流的中国传统文化影响下，中国传统建筑介入自然景观呈现的形态意象，鲜明地表现出一种建筑与景观极化共存的特征。一方面，轴线控制下封闭、规整的合院体系被广泛运用于平地、山野，景观原有的自然秩序与建筑介入之后的自然秩序形成了反差；另一方面，通过总体布局和局部形态的调整，建筑与自然景观往往能够和谐共处。这种既矛盾又统一的整合理念和整合形态与中国传统文化复杂而综合的组成内容密切相关。

轴线控制下封闭、规整的合院体系体现着儒家"礼制"思想在传统文化中的主体地位。人们对于景观原有的自然秩序中出现的严整、秩序化的建筑形态坦然接受，甚至倍加推崇。可以说，中国传统文化从来就具有兼收并蓄、中庸调和、灵活多变的特色。而在各地城市中，合院的形态则往往因势而异，根据所在的区域景观结构和形态的不同条件呈现有所变化的形态。在各地民居建筑中，因地制宜、灵活多变的建筑形态更是相当常见的。

（四）情境的营造

情境的营造是景观建筑设计营造的重点，对于空间感的营造来说，情境是景观特色和文化性的最重要体现形式。景观建筑通过人工营造的方式，在空间中打造出富有独特意境的环境空间，在此过程中，景观中的山水、建筑、小品都参与表达，就像是绘画艺术中的笔触一般，这些元素最终形成了情境上的和谐。这种追求情境化的设计初衷让中国传统景观建筑中有了很多独具特色的建筑小品，例如水边多建榭、舫，而亭与爬山廊则多在地形起伏的林地之中，它们的建筑造型也是因环境而相应确定的。

1. "意贵乎远，境贵乎深"的意境追求

佛家认为："能知是智，所知是境。智来冥境，得言即真。"意，即意象，属于主观的范畴；境，即景物，属于客观的范畴。在名画诗作中，"境"不单单指的是景物，喜怒哀乐同样可以作为心境中的一种"境界"，因此，学者、画家普遍认为，能够模仿传达真实景物、真实感情的艺术才叫有"境界"，否则，就与"境界"无关。而中国美学对于意境的追求，在中国古典园林中有着比较成熟的体现。

对于意境在中国景观建筑中的呈现，可以用《园冶》中的描述来概括："多方胜景，咫尺山林。"景观建筑对于意境的追求是，虽然局限于较小的空间条件，但通过写意的手法依然完美地再现对自然的无限的感受。空间有限而意趣无限正是中国古典园林景观建筑的意境追求，换言之，古典园林景观建筑既要表达古人对山水自然的感情寄托，又要表达古人在园中"一峰则太华千寻，一勺则江湖万顷"的精神追求。这种由近及远、由小见大的追求的美学本质是根植于心的中国哲学。对于人内心的领悟来说，老子认为，"远"之极致则"反"回归于我，则通向"道"，这也就是宇宙于心的自然精神。

概括而言，中国景观建筑中山水意境创造的思想方法可以用恽寿平在《南田画跋》中的一句话来概括："意贵乎远，不静不远也；境贵乎深，不曲不深也。"这句话不仅高度概括了造境的方法，而且明确了景观建筑意境的空间体现表现为"远"和"深"。

2. "曲折致远"的空间布局

张家骥在《中国造园论》中提到："'曲'是视觉的莫穷，莫穷则境深，'远'

27

是视觉的无尽，景象若莫测其高低深浅，就会想象其高、其深而生崇高幽邃之感。"

在中国古典园林景观建筑中，为了引人入胜，为了得到瞬息万变的景致，为了求得幽深的意境，会将蜿蜒曲折的形式巧妙地运用在空间布局上。古典园林中的要素之间的相互组合形成了园林的曲折性。在中国古典园林中，造园成景中的曲折而境深之法，大多采用了两种典型布局方式：一种是借"廊"来连接各建筑单体，将建筑群体组合的形式变得蜿蜒曲折、变化莫测；另一种是两种或多种建筑，在空间上相接或直接相接或在衔接处相互交错。

廊是园林的重要要素，主要用来连接建筑物。廊一般不具备实际的功能性，因此形式十分灵活，不拘泥于长短、直曲，因地制宜。园林中简单的建筑单体可以借由各种形式的廊的连接组合而形成十分曲折、复杂的建筑群。廊的曲折形式分为"曲尺曲"和"之字曲"两种。之字形曲廊在江南园林中的应用更加广泛，其不像"曲尺曲"一样受限于直角的角度，可以小于直角而呈锐角形式的转折关系，更加增加了灵活性。廊曲折的形态不仅仅造就了灵活曲折的游线，与此同时，空间也变得曲折丰富。

廊既可以对人流有导向性，也可以将空间自然地进行分隔，被曲折游廊所分隔的空间，空间形式上也具有了明显的曲折性，这些都是由于廊这种要素自身带状狭长的形态导致的。曲折多变的空间形式一直是江南园林独有的特点，这其中一部分形成原因便是借由曲廊的分隔。例如，在拙政园中，小飞虹处、柳荫路一带以及西部景区的水廊，多处借由曲廊的巧妙使用而将空间的组合变得层次丰富、深浅莫测，十分具有曲折性。又如，留园中的建筑物大多直接相连，空间穿插、交错感强烈。留园中建筑群的组合关系，尤其是空间之间的分隔与联系，通过组织复杂有序的空间序列而达到了良好的空间效果。一是在自绿荫至水阁的部分安置了一片临空的槅窗，使空间的曲折性和变化得到了加强；二是由曲溪楼通往至西楼的路上，空间的穿插交错使空间感受变得更加曲折；三是部分空间处理，如路线的转折、空间的收束与开合等设计将路线变得更加迂回曲折。

空间曲则境"深"，而园林意境追求的"远"则是通过视觉的无尽来达到的。处处视觉无尽，则可以使人不觉其小，反而小中见大，达到意境形象大的审美效果。园林设计中通过空间布局的藏与露、借景、虚与实来达到空间效果上的"远"。沈复在《浮生六记》中曾论及造园艺术，他写道："大中见小，小中见大，虚中有实，实中有虚，或藏或露，或浅或深。不仅在'周回曲折'四字也。"由此可见，这些手法互相联系，不可分割。

相比于恢宏的大型建筑，小型的独居趣味的园林景观建筑更能够体现独特的诗情画意，且造型和风格也更加多元化。例如传统园林水体设计中常见的舫，其临水而建模仿船的形态，在一个静态的园林空间之中营造出了一种湖面泛舟的意境，这就是中国传统园林所追求的"方寸之间景色变幻"。这种造型形态各异的灵动建筑，让整体景观园林更富有趣味，营造出了独具特色的情境。

（五）山水审美与文人阶层

中国传统文化对于自然山水之美的热爱和追求早已广为世人所知和称颂。在中国历史上，文人阶层代表了先进的、启智的阶层，是社会文化传承和延续的主要力量。同时，受儒家思想深刻影响的历代统治者基本上都是通过科举制度选拔人才的。因而可以说，文人阶层与权力阶层的距离相当接近。因此，文人阶层对于社会生活的各方面的影响力是巨大的。这种影响也表现在建筑的营造方面。

中国历史上山水之间的景观建筑营造，尤其是在文人参与和指导之下的景观建筑，往往并不采取真正"消隐"于自然景观建筑之中、以自然景观建筑为主导的形态策略，而主要表现为试图在保证建筑的人文主导性的基础上再谋求与自然景观的调和与适应。

1990年，钱学森首次提出"山水城市"的理念。山水城市是中国自然山水观在现代城市建设中的诠释与应用，同时也是自然环境与城市建设有机融合的城市形态。山水城市侧重于城市山水人文环境的营造，通过在不同空间尺度下保护与彰显自然山水资源来促进城市人工环境与自然环境的协调发展，并且结合适宜的城市规模与鲜明的地域特色来强化山水城市的特征。山水城市更多的是一种构想，缺乏解决现代城市问题的完整思路与可行性方案。

我国文人阶层在造园过程中的参与增加了文学艺术作品中园林出现的频率。在我国古典文学四大名著中，《红楼梦》里的大观园就是典型代表，这也体现了中国传统造园思想的影响。同时，自古以来，诗词是中国文化重要的组成部分。诗词通过语言文字传达并营造一种文化氛围，在诗词所表达的主题内容中有一类主题为"借景抒情"，多是文人对于山水景观的赞美和感叹。在书画中，传统中国画的主题更是以山水为主，写意是其最大的特征。在这样的环境中，景观营造、诗词书画、文人创作之间相互影响，古代文人对于意境的营造在中国传统造园文化中得以实现。

中国传统的艺术作品（如诗书画）注重的是对于抽象概念的表达，因此民间的审美观念也建立在表达抽象概念的基础上。例如，中国传统文学当中有一种重要的修辞手法"比兴"，指的是在描述一种事物的时候不是直接描述，而是用其他物体作为比喻，从而描述出所想要表达的物体的修辞方式。这也体现了中国传统文化含蓄内敛的特点。在景观建筑设计中，这种含蓄内敛的体现主要在于营造手法上的含蓄，极少有平铺直叙的张扬设计，就算是整个景观建筑的重点内容也不能一眼直视，而是需要经过蜿蜒的流线，在对景观参与者进行心理上的铺陈之后，才能够被看到。

这种含蓄的、欲扬先抑的设计手法和西方国家景观建筑设计上的直白形成了鲜明的对比。例如，在一些现代城市景观建筑中通常整个景观的中心内容和主要内容是象征着自然环境的内湖，因此在设计上不应该将其设置在游览者进入景观之后第一时间就能看到的位置上，而应该通过流线的引导设置，引导参与者进到水体观看的区域。同时，设计师还需要对于水体进行一定的设计，将水体进行主次的分隔，与景观建筑序列进行有机的组合。

三、景观与建筑对中国传统文化的继承

（一）对传统景观和传统图案的继承

1. 对传统景观形式的继承

在现代景观建筑设计的过程中，设计师通过对中国古典园林设计手法的再挖掘进行符合现代需求方式的设计与应用，这就是对中国传统文化的继承。例如，中国古典园林的类别有很多，单从对现代景观设计的影响来说，江南园林以其丰富的形式、深厚的情怀值得被现代景观设计所借鉴。目前现存的较为完整的园林大多为江南园林，且江南园林的建造设计水平也相对成熟。除了江南园林之外，北方地区的皇家园林也以其辉煌磅礴的设计风格在北方地区颇受欢迎。北方园林规模宏大，色彩浓重，以红、黄色为主色调，表现了皇权或权力的尊荣富贵的意境。江南园林和皇家园林分属中国南北方，其文化辐射性影响的受众人群不尽相同，在两种风格的基础上演变而来的园林风格多种多样，如在江南园林基础上演变的徽派园林建筑等。现代景观建筑设计中对于江南园林和皇家园林这两种传统景观形式的应用，同时也是一种继承与延续，能够帮助传统景观形式在新时代背景下得以继续发展。

2. 对传统图案审美的继承

（1）色彩

中国传统图案的主要色彩体系涵盖了中华民族的主要传统色彩概念，其视觉

美学效果呈现丰富多彩而又生动的景象。中国传统图案的颜色受到中华民族文化环境的影响。经过数千年的发展，中国传统色彩得到了丰富，为现代设计中的色彩分析和利用提供了良好的基础。因此，在景观建筑设计中，色彩是十分重要的一个环节。设计师在系统设计时应处理好环境与景观色彩之间的关系，平衡色彩位置的重要性，以更好地表达思想。景观建筑发展的最大化便是能做到使景观建筑效果既产生影响又与城市环境相协调，充分合理利用城市空间。

传统图案的色调一般是原汁原味的，在人们心中有固有的不易被打破的印象。例如，中国结的颜色是红色，而提到龙凤图案，人们自然会联想到金色。适当地对颜色进行调整与组合，选取恰当的色彩，并进行合理搭配，能够很直观地显现景观的视觉效果，从而让景观表现出应有的意境面貌。例如，在新年期间街道或者小区的装饰中人们多会选取代表中国色彩的红色；在休闲、娱乐的公共场所，座椅等公共设施一般会采用明快的大黄色、大红色、绿色、蓝色、棕色等，有碰撞的活力感；在社区及公园会采用环保、清新的绿色调，同时公园内由植物形成的雕塑状景观或者草坪上的二维图形，体现着祥和、生态、环保、宁静的城市美化要素。就设计手法来说，对传统图案的色彩进行适当的夸张可能会产生意想不到的碰撞效果，如上海国际旅游度假区入口处及园区内的景观建筑采用大量颜色对比性极强的植物形成视觉上的碰撞。由此可见，恰当地选取和谐的色彩会使传统图案焕发出生机与活力。

（2）形式

在《辞海》中，"图案"在广义上泛指对某种器物的造型结构、色彩、纹饰进行工艺处理而事先设计施工方案后制成的图样，狭义上包括造型色彩和纹样。图案的基本构成要素是点、线、面。传统图案是景观中最能直观表达历史韵味的表现形式。

对于传统图案来说，无论是二维图形还是三维立体块，在进行设计与组合时，都需遵循一定的设计规律与展现形式。现代景观常从传统民间图案中提取元素，这些传统民间图案大多具有鲜明的地域特征，符合中国人的文化审美，寄托着人们对美好生活的向往，具有很强的民族特色。事实上，早在远古时期，人们便将这些传统元素应用于各种古代器具之中，以丰富生活情趣或表达美好的愿望。今天，在景观中的铺装、景观小品、城市中的大型建筑中经常可以看到传统图案的影子。传统图案大多体现在城市景观的方方面面：有的以大面积的绿植得以体现，以植物打造成传统图案的形状或纹样；有的景观体现在街道景观细节中，如井盖、垃圾桶、壁灯等细节类小品，它们散布城市，无一不在诉说这个城市的厚重历史；

还有充盈于景点中的传统图案，此类图案数量最为庞大且技艺精湛，如雕塑、壁画、建筑外观等不胜枚举。

传统图案作为传承历史的重要元素，被设计师赋予不同的形态施于现代景观中。例如，每逢新年，街道中的景观建筑便会迎合新年气氛，采用红色的植物或将景观制作成含有新年元素的纹样；在北方区域，人们会将街道景观中的路灯制作成包含传统图案的样式；在气候严寒的东北区域，人们会将冰或雪赋予独特内涵，将冰雕、雪雕制作成传统图案的样式，如十二生肖、四大神兽等。由此可见，传统图案存在于现代景观建筑中的形式多种多样，体现了现代人的智慧，以及人们为传承传统元素所做出的努力和创新。

（3）技艺

传统图案体现在景观建筑中需要媒介。如果传统图案能通过与环境和本身意义非常契合的材质得以展现，将会使设计产生事半功倍的效果；反之，如果传统图案采用了不恰当的材料，将会造成景观的失败，如用木质材料来雕刻中国结、用草皮来创造盘飞的龙，都是不恰当、不合时宜的。恰当的媒介可以使作品具有生动、强烈的艺术感染力，给人们带来美学感受和情感满足，因此必须选取合适的媒介来体现。对建筑材料来说，不同的材质符号具有其自身特有的质感与肌理效果。如花岗石坚硬、粗糙，一般用来作为巴洛克风格建筑的外立面；大理石纹理感极强，纹样丰富，触感细腻，一般在家装中的利用率较高；鹅卵石个头小巧，不便切割，一般在室外用鹅卵石摆放成传统图案的样式。对于植物而言，草地有柔软的质感，可以在上面随意造型，用颜色区分；水体轻盈、流动性极强，一般与石材、植物结合制成景观小品（如水幕墙等）。由此可见，对各种不同材料有条理地加以变化或组合，将使材料符号转变或者延伸出新奇的意义和内涵。设计师应合理选择、搭配材料，通过这种材料介质，让景观建筑功能性与审美性并存，呈现多样的风采。

传统图案在雕塑中所用到的材料主要是石、金属、木、泥（陶）等具有古老特性的材料。石头是自然中具有悠久历史的固态物质，其质地坚硬，不易被摧毁，是良好又较为常见的雕塑材料，但石雕易碎而且很重，不便运输。金属材料在雕塑中是运用较为广泛的材料，它具有耐久、坚固的物理特质和化学特质，现代科技感很强，但金属雕塑容易生锈，磨损率也较高，一旦产生划痕，表面就不会光洁如新。不过，金属材料中也存在越磨砺效果越好的例子，如青铜器，由于铜是合金材料，长期受腐蚀后，最终的质感呈现的独特的肌理和色彩效果，会与本身的厚重性相结合带给人强烈的历史感。木材由于资源丰富、种类繁多以及易于加工的特点和本身的色泽感、纹路感，丰富了雕塑的材料库。木材相对于石材和金属材质更具轻便性、灵活性，但木雕易腐蚀，容易受到雨水的侵蚀，因此具有一定的地域限制和气候限制。总体上说，雕刻的材料虽然广泛易得，但无一例外都存在一定的限制因素，因此必须考虑地域特征，根据气候和环境来选取恰当的材料。

雕刻技艺包括牙雕、玉雕、木雕、石雕、泥雕、面塑、竹刻、骨刻、刻砚等。值得一提的是，当代运用于雕塑上的材料还有天然形成的雪和冰。在因地制宜的东北地区，雪雕和冰雕是冬季浓墨重彩的一道风景线：冰雕雅俗共赏，赋抽象于具象之中，有晶莹剔透之美，而雪雕则是不透明的白色，有朴实造型之美，二者都具有极高的观赏价值。

在现代景观建筑中，设计师在建筑材料的选取上，除了会采用传统材料如木头、瓦砾、土砖土石等之外，也会随着社会的发展以及材料库的丰富，逐渐加入一些新型材料，如不锈钢等金属材料、纳米材料、仿石石英砖、仿石陶瓷砖、仿石 PC 砖、仿石透水 PC 砖、品彩石、透光混凝土、卡乐板、天然超薄柔性石材等。传统图案应用在不同种类的材料上会显示出不同的视觉效果。铺装材料的选取范围越来越广泛。例如，新材料陶瓷透水砖的出现在一定程度上缓解了干旱地区缺水地面受光照后的干燥问题，解决了个别区域景观设计中的限制因素。琉璃瓦是一直以来被广泛应用于园林建筑中的优良装饰材料，现在已经被彩釉砖、陶瓷透水砖、陶瓷锦砖等新型材料所替代，将浮雕雕刻于其上，应用于景墙等立面装饰之中。新材料的产生给现代景观建筑设计师提供了更广阔的发展空间，即使在设计师挑选应用于古典园林的材料时，这些新材料也能完整地传达意蕴，并为传统赋予创新的内涵。刺绣领域中的材料大致采用棉麻布料——刺绣的技艺是塑造刺绣图案这种传统图案的重要造型手段，中国传统刺绣针法技艺丰富多变，不同的技艺会创造出不同风格的绣品。

一个优秀的景观建筑作品关乎方方面面，游客对景观建筑的感受会通过材料的质感获得感知，不同材料的重量不同、柔软度不同，因此不同的材料在景观建筑中产生的效果也不尽相同，结合不同的图案会带给人不同的感受。要想让效果达到最佳，设计师就要对历史背景进行深入研究，对周边环境进行调研，对材料库进行详尽的研究和了解，分析材料是否适用于景观建筑中传统图案的表现。换言之，材料虽然只是展示传统元素的媒介，但也是景观建筑的重要一环。不同的材料可以发挥不同的优势与功能性，设计师应选取合适的材料并赋予技艺雕琢，从而实现与环境相匹配，让传统图案与景观建筑完美相融。

（二）对经典建筑形体结构的继承

经典建筑形体结构的体现能够引发游客对于历史情境的感受，营造出更具文化气息的环境空间。因此，设计师在现代景观建筑中对于经典的景观建筑形体结构的继承具有极大的传承意义。北京奥林匹克公园内有一处下沉式的步行街，其中有七个不同主题的院落景观，其中之一的古木花亭院落由清华设计院仿照古建筑风格制式进行设计，设计形式上主要采用了传统的硬山屋顶、回廊、传统装饰构件、四合院结构的布局规划，通过这种形式营造了一个古色古香、充满历史感的现代景观建筑空间。

四、中国传统文化元素在景观与建筑中的创新

相比于现代设计语言，传统文化元素在现代景观建筑中的应用更加强调的是应用手法和形式的创新性。设计师需要将文化性带入景观建筑设计当中，通过作品展现出富有地域性、本土化、民族性的设计，这也是将中国传统文化元素应用于现代景观建筑设计当中的客观要求。设计师在景观建筑设计过程中应以发散性的思维进行创新的应用设计，展现出中国传统文化在新时代背景下的魅力，从而对参与者形成一种视觉感官和文化感受上的刺激。在具体的设计应用过程中，设计师不应对于传统文化中的具体设计方法、形式进行照搬，而是需要经过现代化的提炼、转述，对传统文化之中精神层面的意境和思考进行体现，营造出丰富意境，让景观建筑的欣赏者能够通过观赏产生文化层面的感受和联想，丰富其精神体验。

将中国传统文化元素应用于景观建筑之中的优势，首先在于中国传统文化拥有得天独厚的优势。中国传统文化积淀了中华民族几千年历史的精髓，是中华民族智慧和创造力的体现，也展现了中国人民追求美、创造美、孕育美的能力。中国传统文化所涉及的内容广泛，所涉及的领域和题材非常丰富，其中包括有形的物质文化和无形的精神文化，这些传统文化元素流传至今，为现代景观建筑留下了无尽的艺术宝库和取之不尽的文化资源。其次，从客观角度上说，应用中国传统文化元素在景观建筑营造上具有优势性。一方面，在景观建筑中的材料能够得到广泛的应用。例如，采用一些传统制造方式制造而成的砖石，具有地域性的石材、金属材料、木材等。把这些建筑材料应用于景观设计之中，便是对传统文化的一种直观体现，同时也能够充分利用地缘条件。另一方面，在现代景观建筑中，设计师开始对传统材料进行大胆创新，如使用传统的青砖石、青铜、木材进行建筑小品的制作和装饰。设计师利用地缘材料进行创新能够最大化地让其与周边环

境进行呼应，展现出与众不同的适应性，让人在感受到中国传统文化元素所带来的文化意境之外，体验到创新性的设计所展现的独特魅力。

第二节　西方文化演进中的景观与建筑

一、古希腊、古罗马时期的景观与建筑

希腊的地理环境与大地景观的特征是山脉与其间小块的平原或盆地相互间杂。这使古希腊人对于景观的认知和理解与生活在广袤平原地带的人们有所不同，他们对于自然景观所具有的空间与结构有着独特的理解。希腊神庙的建造位置往往是在大地景观中特定的关节点（希腊人认为的"圣地"）上，就是古希腊人对于景观建筑独特理解的一种体现。尽管神庙建筑本身所具有的形态与自然景观是异质的，但它们审慎地遵循着景观既有的内在结构，占据特定的场址，与自然景观相互映衬，从而形成了特色风貌。

以今天的眼光来看，古希腊时期神庙、圣地建筑与景观的整合达到了和谐，而古希腊时期建筑与景观的这种和谐，只能属于人类文明早期"黄金时代"。纵然今天它始终是难于逾越（准确地说是难于重现）的高峰，但历史的发展和转折是不可避免的。古希腊时期后期，柏拉图哲学思想出现，标志着自然主义哲学的转变。"理式"的世界高于现实世界，现实的存在不过是对于"理式"的模仿，而艺术是对于模仿的模仿。在此背景下，对于"理式"的追求成为一切创造活动的目的和评价标准，包括景观建筑的设计创作。

古罗马时期，对于古希腊的优秀文明存在着先艳羡而学习、后敌视而排斥的态度转变。古罗马时期（尤其是罗马帝国时期）的社会较之古希腊时期要更为完善、严密和世俗化，而持续不断地开拓与征服使自然的地位已不再如古希腊的黄金时代那样超然。古罗马时期的建筑及其群组的规模较之古希腊时期要庞大和复杂得多，再延续古希腊时期建筑群组之间那种没有严格几何秩序的组织方式无疑是困难的，也不符合古罗马的社会结构和集权体制的要求。一方面，古罗马人将存在于单体建筑中的轴线控制和几何秩序扩展到建筑群的组织中，因而古罗马的大型建筑群组都有着严整的几何秩序。而景观则通过建筑秩序而被组织起来。另一方面，在古罗马这样一个较为世俗化的社会，人们对于自然风景的审美得到了较大的发展。古罗马时期人们对于自然风光的欣赏，基本上与贵族阶

层在郊外别墅的享乐生活联系在一起。然而基于建筑与自然形成的整体观，其面貌则似乎被忽略了，在此我们似乎可以看到后世建筑介入景观的态度的一些渊源。

二、欧洲中世纪时期的景观与建筑

在中世纪的欧洲，人们普遍认为，在他们现世生存着的这个世界之上还有着一个超越性的存在。不仅如此，对于大部分人而言，建筑之外的自然甚至是可畏的，未被人类涉足的景观充满了不可知的神秘和野性，黑暗的森林、荒芜的野山、神秘的水域与上帝创造的宁静和谐的伊甸园是如此大相径庭，因而外部世界是不友好的。于是我们可以看到，在中世纪，人们在景观中的存在意向是一种紧缩的、审慎的（甚至是对外防卫性的）以及趋向上帝的图式。

在欧洲中世纪时期，景观建筑最初主要是宗教化的、防御性的。信奉禁欲主义的修士们建立起修道院。第一座修道院建立于 4 世纪，6 到 8 世纪是修道院的鼎盛时期。对于外部的景观而言，修道院是一个内在的世界，属于上帝的世界。在世俗生活方面，中世纪早期动荡而战乱的年代，封建领主们出于防御和庇护的需要，建立起高大坚固的城堡。修建在险峻山峰上的这些城堡封闭而厚实的形体和对外防御的姿态与它们所处的险峻的景观建立起了一种气质上的共通和交融，从而达成一种和谐的整合关系。而另一些建立在开敞平野中的城堡则经过时光的考验，成为景观中具有控制性的中心。

欧洲中世纪的城镇经过一段时期的恢复与发展，在 10 到 11 世纪已蔚然可观。尽管到了中世纪的晚期，生产力的发展使人们开拓了更多的聚居地，世俗化的城镇也发展到相当的规模和复杂度，但是，从宗教控制下的栖居意向的角度来看，中世纪的城镇与修道院依然可以说是一脉相承的，因而它们在景观中的存在形态也具有相似性：由体量、形态相似的房屋形成的团块，与周遭的自然景观界限分明，其中教堂和钟塔巍然耸立，成为一定界域内景观的统领要素。

尽管欧洲中世纪时期的建筑在景观中的存在基于某种对于自然中的未知的畏惧、防御、收缩和隔绝的态势，但是作为结果，建筑及其群体往往是自制、审慎、内敛地介入景观之中，并与既有的自然景观形成和谐的整体。如今留存下来的许多中世纪城镇往往建设在自然的山水之间，规模相当有节制，并没有套用规则的和几何化的构成秩序，而是依托于其所处的大地景观结构。整体形态既统一又富于变化，整体与细部尺度适宜，与自然景观相得益彰，被称为"如画的城镇"。

三、文艺复兴时期的景观与建筑

文艺复兴一般被视为神性的衰落和人的主体性的兴起。

文艺复兴可以说是人们重新认识自然美的开始，除了可以看到人们对于自然美的赞赏，还可以看到人们对于"自我"心灵的意识与开拓，以及对于优美的自然风景的欣赏、利用的态度。这当然是与生产力的发展、世俗生活的兴盛以及人们随之而来的探索和掌控世界的欲望有关系的。自然不再如基督教主导的中世纪时那样是可畏而使人远离的，而是可开拓和可欣赏的。

尽管文艺复兴使心智得到极大解放的人们比以前更热爱和欣赏自然风景，但是人们在大地之上的存在方式和意向，是试图用自身理性所构造的完满的几何图式去掌控世界。这在文艺复兴时期"理想城市"的模型中表现得尤为突出。与欧洲中世纪时期的城镇不同，文艺复兴时期的"理想城市"中不再以象征着高高在上的天国和上帝的教堂钟塔作为景观结构的中心，而是以平面上规则的几何图形的形心作为中心（事实上文艺复兴时期的教堂建筑都不过于强调竖直性，而是强调向心性）。

文艺复兴时期的这种人类理性超越了自然的思想影响了人们对于建筑与自然风景的审美判断，因而，建筑在景观中的存在形态便在完全人工化秩序的道路上渐行渐远了。文艺复兴时期的建筑在其自身形态构成上的完满性发展到了很高的程度，规则、向心、对称是建筑形态的主要特征。建筑师则将这种人工化的秩序投射到景观中去。随后的手法主义、巴洛克风格等建筑思潮在这方面都是相似的。

而在18世纪的英国，在经验主义和浪漫主义思想、美学以及中国造园艺术手法的影响下形成的自然风致式园林，则是在那个时期开辟了建筑与景观环境的整合意向的另一个方向（这当然与当时启蒙运动和封建君权走向衰落密切相关）。它代表着人们对于景观环境中的自然秩序的一种肯定。尽管在这一时期，这样的理解首先是对造景艺术产生影响，但它可以说是为近现代新艺术运动、有机建筑思潮埋下了伏笔，而且它的影响还扩展到了城乡规划方面。

第三节　西方近现代以来的景观与建筑

一、西方近现代景观与建筑的发展概况

19世纪工业革命以后，大规模的工业化生产解放了人们的双手并且使社会财富迅速增加，而在工业产品千篇一律的情况下，人们开始追求更加注重形式美感的产品。

工艺美术运动和新艺术运动是当时反抗工业化生产的运动，对景观建筑也产生了巨大的影响。在美国的工艺美术运动中，建筑追求自然的东方装饰美感。例如，格林兄弟的作品"根堡住宅"具有强烈的日本传统民居特色，整座建筑构件均为木质。新艺术运动时期的建筑风格则追求曲线的、有机的自然风格形式。例如，西班牙建筑师安东尼·高迪设计的巴特罗住宅的建筑外形，其灵感来源于海洋以及海生动物；米拉公寓的造型像一个融化的冰激凌，内部的装饰构件也均采取动植物造型元素。对于自然元素与色彩的大胆应用是他所设计建筑的最大特色。

此外，西方现代主义艺术流派也对景观建筑的发展产生了巨大的影响，波普艺术、构成主义、超现实主义等都为现代景观建筑设计的发展提供了新的设计语言。

第一次世界大战结束以后，百废待兴，建筑行业迅速发展，在这个时期涌现出许多的建筑设计流派和建筑大师，这些流派以及大师的思想理念极大地推动了现代建筑的发展，也对景观建筑设计发展形成了巨大的推动。例如，勒·柯布西耶提出了现代建筑五要素，他认为，现代建筑应该打破以前的形式，适应现代高科技社会。赖特的"流水别墅"完美地体现了他的有机建筑理念，他认为，建筑是环境的一部分，一栋可融入环境的建筑除本身的建造地点外，放在其他地方都是不合适的。

二、现代主义景观与建筑

18世纪下半叶到20世纪初，工业革命带来了社会生产力的飞速发展。人们对于工业生产、技术进步和它们所带来的财富增长有着前所未有的极度追求。然而，这一时期社会生产的发展伴随着对自然环境和人居环境的损害。工业生产污染严重，广大劳动者的生存环境和住房条件较为恶劣。目睹了这样的状况后，很多建筑师开始重点关注改善人们的生存环境。

国际现代建筑协会（CIAM）在考虑改善人们的基本生存环境时注意到了阳光、空气、绿地，并明确写进了1933年的《雅典宪章》的宗旨中。现代主义建筑运动关注广大民众的基本生活需求，这种关注是人本的。在建筑师力求使广大民众都能够享受到阳光、空气、绿地，改善他们的基本生存环境的同时，我们也确实难以苛求建筑师能够整体地考虑景观形态的问题。当时多数的建筑师关注建筑本体形态的革命性变化，关注形体和空间的创新，关注功能的合理化、建造方式的经济化和建造逻辑的理性化，而对于建筑之外的环境以及包含了建筑的整体景观形态则有所忽视（事实上现代意义上的景观概念当时还没有完全形成）。当时知名的包豪斯学院的课程中也没有任何景观设计的内容。第二次世界大战后的大规模的建筑建设以及在资本和利益驱使下国际主义风格的泛滥，使人们对于建筑与景观的形态关系愈发缺乏审慎的推敲，造成了许多地区的人居环境景观形态混乱的局面。

然而说"现代主义建筑对于景观完全漠然置之"则是不公平的。现代主义建筑侧重于从观视和空间流通的角度将建筑的室内空间与景观空间联结起来，使人们在建筑之中能够撷取和欣赏景观中令人愉悦的部分。而在外部形态的表相和组织结构方面，则一般是明确地偏重于建筑的主导性的。

主流的现代主义建筑师对于建筑与景观的形态关系的理解主要有以下几种代表性观点。

一种观点认为景观是沉默的，是建筑的一幅背景，或一个柔软的外框或"白板"，等待一幢建筑的设计去建立场所和秩序，而不是建筑依从景观的秩序。主张树和草是住宅的中性背景。将景观作为一种远景来欣赏，与其保持着冷静、疏离的审美关系。

还有一种观点将建筑与景观作为对立的两方，认为建筑是积极的而景观是消极的，相对于人工营造物的富有秩序的几何形态而言，自然景观无秩序、不规则，是野生的、待开发的。

也有人认为建筑与景观可以建立深度联系，融为一体。根据肯尼思·弗兰普顿的描述，勒·柯布西耶在20世纪20年代后期，开始使住宅设计与环境发生强有力的联系，构思将自己的作品延伸到尺度巨大的景观中去。1942年勒·柯布西耶主持了阿尔及尔市全城及其周边地区的控制性规划。规划成果含十五张图表和一份三十页的报告，包括北部非洲所有的气候条件以及大地景观的特征（萨赫勒草原、卡比利亚山、阿特拉斯山脉）和当地的地形条件。这些基本的地质构造细节充分扎根于自然现象之中，确定了这片土地上的法则。勒·柯布西耶希望在实施的计划中这些法则能够得到重视，给后续的建筑活动找到基本的规则，由此使活动本身不屈从于武断教条，获得形式上和整体上的自由。勒·柯布西耶的规划依据北部非洲的太阳来构思规则，对太阳法则的服从使建筑活动与当地传统的阿拉伯建筑形式和谐地联系在一起，化解了现代建筑似乎与当地传统不相调和的矛盾。在他的构思中，"宽广而层次分明的土地、成片的水域和植被、岩层和天空、成丛的植物，一直延伸至远景，为地平线所围合——场地提供直觉、理智和创作的感受"。正如勒·柯布西耶在为印度昌迪加尔所做的城市设计中，意图使建筑在布局和单体形态上与喜马拉雅山脉的宏伟尺度取得呼应。然而，勒·柯布西耶本人的精神世界中包含着英雄主义的情结。他忽视了中观环境尺度的控制，以至于遭人诟病。类似的问题也出现在巴西利亚的城市建设中。

三、城市层面的景观与建筑

1989年，霍华德在《明日：真正改革的和平之路》一书中正式提出"花园城市"（Garden City）理念。该理念是在英国工业革命基本完成，农业人口进入城市，城市人口膨胀、贫富差距加大、环境污染严重以及产生土地所有制与税收有关的社会问题的大背景下产生的，以社会改革为核心目标，主张构建城乡融合、群体组合的"社会城市"。

"花园城市"是物质空间提升与社会改良相结合的规划理念，其主要内容包括以下几点：建设提供健康生活且合理安排工业生产的城镇；城市被乡村带所包围，城市四周环绕永久性农田；严格控制城市规模，包括人口规模与用地规模，当城市规模达到一定限度时，过量部分需要转移到其他城市；全部土地公有。

此外，霍华德还为"花园城市"设计了包含土地改革、分配制度、运作机制和管理模式等在内的改良内容。"花园城市"在关心民众利益、城乡融合、社会角度与空间角度共同作用等方面对现代城市规划的发展具有重大意义。这些与"公园城市"（编者注："公园城市"是指把城市变成大公园，具有系统性、生态价值和服务品质）中以民众为核心，以城乡整体空间为研究范围，以公园为引领，发挥"生态"的价值等方面具有相似性。"花园城市"主要是为了解决18世纪末至19世纪初英国存在的种种社会问题，是以社会改革为目的的。"花园城市"主要强调限制人口规模来促进大城市解体，无法发挥城市本身的经济集聚优势，并且与发展理念不符。"花园城市"由于历史的局限性，认为城市以工业与居住等功能为主，功能较单一。

　　始于 1997 年的国际花园城市竞赛是由国际公园与康乐管理协会、联合国环境规划署共同主办的城市与社区最佳宜居实践模式评选活动。其从景观改善、遗产管理、环境保护、公众参与、健康生活以及未来规划六个方面进行评选，旨在向全球展示环境优良、充满活力、适宜居住的参评城市的城市环境。总体上看，"花园城市"侧重于运用环境美学、生态学等方法来改善城市环境品质，以提升城市自身的宜居度、经济水平为目标。

　　与"花园城市"相对的是另一种集中化的城市建筑思路。城市中人工化的建筑环境极度集聚，通过这种方式来避免建筑对于自然环境的侵占。具有代表性的是勒·柯布西耶 1925 年提出的巴黎改建设想，他将城市的大部分功能集中在城市中心的摩天大楼中，由此可以腾出更多的城市用地用于布置花园式的住居。摩天大楼之外的居住区部分是充分考虑到了人工与自然紧密结合的，所有的建筑都坐落在绿树花丛之中。勒·柯布西耶的这一构想对于现代城市发展产生重大影响。构想本身也充满非凡的远见卓识，这种建筑适度集中、降低人工环境对于自然环境的影响、保留尽可能多的绿地环境的思想无疑是符合生态原理的。

第三章 现代景观建筑的用材与构造

传统景观建筑材料基本是由土、木、竹、石、瓦、砖相互组合而成的。近年来，随着科技的进步，景观建筑的用材与构造都有了新的发展。本章分为现代景观建筑的用材、现代景观建筑的构造两部分，主要包括建筑材料的功能、建筑材料的分类、建筑材料的工艺做法、建筑材料的再利用分析、新型绿色建筑的用材、现代景观建筑的结构体系以及现代景观建筑设计使用材料的连接方法等内容。

第一节 现代景观建筑的用材

一、建筑材料概述

（一）建筑材料的功能

木材、钢材、石材、塑料、玻璃等是用于构建建筑物和内部装修的材料，它们既可以发挥物质性的功能作用，又可以发挥精神性的功能作用。

1. 建筑材料是创造空间的基础

对于一个建筑设计来说，在确定材料造型语言的基础上，选择适当的材料和正确的构造方式，以形成材料构造和形式的完美统一，是建筑设计的目标。因此，采用不同材料的结构和围护构件，按照材料的性能和力学规律围合成的室内空间，应达到功能和美感的高度统一，既满足人们物质方面的要求，又满足人们精神方面的审美要求。这种双重特性体现在利用材料的形态、肌理，通过不同形式的点、线、面、体的空间构成要素的组合，给欣赏者不同的视觉感受，从而形成不同的环境效果。例如，木结构、玻璃结构、钢筋混凝土结构的不同风格特色。

2. 材料的视觉特性

任何材料本身都具有一定的视觉特性，材料的质地、肌理等对建筑物的形象有较大的影响。为了把这种影响很好地发挥出来，设计师要了解常见材料的内在特性。

①石材能充分表现其天然材料的自然本性。由于现代建筑的飞速发展，人们不再满足于传统的使用方式和表达方法，于是不断改进处理手段、引进先进技术、发挥传统材料的新特征，这些为设计者提供了更多的创造空间。

②木材、竹材是传统建筑文化的精髓，前人用木材、竹材创造了令人惊叹的建筑空间。木材、竹材具有典雅、亲切、温和的自然纹理，有的直而细，有的疏密不均，有的断断续续，有的似山，有的成影，真可谓千姿百态，既促进了人与空间相融合，又营造了良好的室内气氛。这使人们愿意利用木材、竹材以刻意表现其本身的装饰特点。

③砖是一种极为普通的材料。砖既可承重也具有装饰性，其自然的品格和表现力受到许多人的青睐。

④陶瓷以黏土为原料，通过烧结、加工而成，具有工整、细腻、装饰性强等特点，广泛应用于室内外装饰当中。

⑤透明的玻璃给人以敞亮感，带有颜色的玻璃给人以神秘而幽雅的感觉。玻璃的装饰效果可以唤起人们的遐想，其透明或不透明的质感是其他材料无法效仿的，同时，玻璃在光与影的作用下会产生无限的情趣。

⑥金属材料在现代景观建筑设计中被大量运用，并有着独特的魅力。

3. 材料使用的环保性

随着生活水平的提高，人们对生活环境的要求在不断改变，对不少人而言，对环境的要求由单纯的"生存需要"转变为"环境需要"。新要求主要呈现以下五个方面的特点：自然化、艺术化、个性化、民族化、环保化。特别是人们在环保方面的意识日益增强，要求也随之增多，在建筑方面的要求则主要表现在材料的选择和装饰方法的运用上，"绿色环保"成为重要的标准和要求。

4. 材料及材料组合所表现的美感

在环境设计中对建筑有着审美的要求，所以对于建筑材料的种类、特性、视觉效果等方面要求较多。设计师应在充分考虑材料本身性质的基础上，结合并分析人的视觉和心理反应进行设计，以取得环境空间的整体效果。

目前，在现代景观建筑设计中，一方面，人们试图在更为广阔的领域中表现材料的本身属性和结构特征，从自然材料的本身属性的潜力进行挖掘，充分表现材料的真实感和朴素感，把含蓄的天然美感表现得淋漓尽致。另一方面，材料科学的不断发展使大量新型人造材料问世。人造材料虽然能效仿天然材料的某些材质特点，但有些方面不如天然材料逼真和自然，同时，也达不到天然材料的肌理效果和反光率、吸声性等。

对于现代景观建筑而言，室内、室外材料一样重要，同时因为其特殊作用，往往在建筑的造型过程中既强调室内效果又注重室外的装饰性。不论是色彩、质感还是纹理，设计师应在各方面同时加以考虑。

（二）建筑材料的分类

建筑材料分为土、木、砖、瓦、石、竹、玻璃等。《营造法式》中提到"五材并用，百堵皆兴"，意思是说将材料运用好才能促使事业兴旺。"五材"指的是最常用的五种传统建筑材料，即土、木、砖、瓦、石；"并用"体现了传统建筑兼容的构建思想，每种材料都有其特性，将不同的材料应用于不同的部分并完整地融合起来才能形成更适合人类居住、生存的建筑。

1. 生土

生土材料主要指夯土、土坯、草泥、灰土等不用烧结加工的、可直接用于房屋建造的材料。生土建筑最开始是洞穴，后来开始出现夯土墙结构，从古代遗留下来的城墙遗迹、烽火台等可以看出生土技艺的逐渐成熟。生土建筑的基础多为一条一米深的条石围成，这样可以有效解决防潮问题，上部墙体再填以夯土，并用木槌把每一层夯实。现代生土材料主要作为墙体建筑材料，广泛应用在南北方的民居中。生土建筑的主要表现形式有窑洞、夯土建筑、土坯建筑等。

2. 木材

在早期建筑中木材就开始作为建筑的搭建材料。在之后的发展过程中，木材成为建筑的主体结构构件的材料之一。我国的木材建筑发展迅速，木塔、寺庙、祠堂、戏台、民居中的梁架结构、榫卯构件、木门、隔扇窗等大都选用木材。

就木材选用来说，森林植被地区木材资源丰富，树种不同，应用的位置也不相同。云杉、杉木、柏木等针叶树木纹理直、易加工，主要用于梁柱等承重构件；樟木、水曲柳等阔叶树木质硬，但纹理美观，主要用于连接构件、门窗、室内家具制作。

木材是天然、可循环的有机材料，主要成分为纤维素、半纤维素、木素和抽提物。纤维素含量会影响树木的细胞排列、树脂道、纹孔等，细胞排列密度会影响木材的含水率和吸水性，空气中水分的含量变化会使木材发生膨胀或收缩，从而影响其性能。从木材的截面年轮可以直观判断其硬度，年轮射线越密集，木材质量越好。

木材的物理性能为其使用提供了优势。材质轻，便于搬运；在不同纹理方向上，抗拉性和抗压性有所不同，木材顺纹方向的性能更强；具有一定的抗弯性，适用于做结构构件；以木材为主料的建筑通风效果好，空间灵活性强，木材的吸水性能使室内空气保持干燥。这些特性为木材在建筑中的使用提供了多种可能性。同时，木材不耐久、易腐蚀、易燃的缺点使木构建筑存在使用年限上的限制，过于老旧的建筑则因为材料功能的退化不宜继续使用，因此，对于现存的传统木构建筑一般采取修缮、改造的方式进行保护。

总结而言，木材特性如表 3-1 所示。

表 3-1　木材特性

特　性	描　述
力学性能良好	抗弯性能好、抗拉性能好
物理性能良好	保温性能好、吸声性能好
易加工、易获取	制作工艺简单、材料充足
空间灵活性强	框架结构为主
易于修缮	榫卯结构，易拆解

3. 石材

原始时期，人们居住于以天然石材堆砌的石洞中，后来随着技术的发展，人们开始以石材作为建筑材料。在战国时期，制铁工艺发展迅速，因此促进了石材开采业的发展。在秦汉时期，石材开始大量用于建筑营造当中。汉、隋、唐、元时期的石材建筑类型多为墓穴、佛寺、佛塔。到明清时期，石材加工技术成熟。石材一直应用至今，并成为一些地区的建筑特色。

建筑石材主要分为天然石材和人造石材，还有方便就地取材的毛石、条石、板石、鹅卵石等。从一些村落的村落格局、建筑构件上说，石材起着至关重要的作用。如村中的石板路、石墙是用就地取材的石材修建而成的；大块的条石铺设成村中的道路，交汇贯通；道路两侧是石材堆砌成的房子，有的还用石头堆砌围墙作为边界，把每户之间分割开来。除此之外，石材在建筑中的利用率越来越高，人们也在实践中探索出更多的石材特性，并研究其搭建结构技术。

常用的天然石材包括：①花岗岩。它是火成岩的一种，不含碳酸盐。花岗岩的物理性能稳定，质地坚硬，密度高，吸水率小且抗风化能力强，适合用于建筑室外装饰、地板等。②大理石。大理石相比花岗岩硬度小，抗压强度高，易被酸性物质腐蚀，因此主要用于建筑室内使用；但大理石纹理色泽丰富，适合柱式、地面、墙面的装饰。③石灰石。石灰石主要由矿物质方解石加以黏土、碳酸镁等有机物质合制而成。化学物质含量决定了其孔隙率与各项物理性质，含黏土、石膏等硬度低的矿物质石材强度较低，含石英、深矿石的石材强度较高。根据强度、抗压性能的等级，石灰石分别用于建筑基础、踏步、墙体等部位。

人造大理石是人工合成的装饰性材料，强度不如天然石材，但环保、可再生。人造大理石以水泥、混凝土或天然石材的碎石为原材料，添加黏合剂后进行技术处理，加压抛光而成，可用于建筑装饰之中。

4. 砖材

建筑砖材主要分为烧结砖和非烧结砖。我国砖材的使用历史悠久，并且有着自己烧制砖石的技艺。在新石器时代，我国有了最早意义上的烧结砖——将土烧制成块后用于建筑外墙上，并逐渐形成现在概念上的红砖。在夏朝初期，我国出现了更多烧制精美的砖块，烧制手法也增多，通过改造窑炉分散气流，可将红砖烧制成青砖，更多地应用到建筑墙体、装饰当中。到了现代，烧制砖石的技艺愈加成熟，砖的应用更是飞速发展，成为建筑设计中不可缺少的材料之一。

烧结砖以页岩、煤矸石为主要原材料，将原材料处理加工后烧制干燥而成。烧制过程中铁的氧化物含量决定了砖的成色。烧结砖坚硬耐久、抗风化、保温隔热、抗腐蚀、隔音效果好、不易燃，多种染色的砖块组合还能起到装饰作用。但烧结砖的体块偏小，实心砖用土量大、质地重、导热性高，不利于隔热保温，因此现多采用空心、大块的烧结方式，提高孔隙率，增强吸水性。非烧结砖由砂砖、粉煤灰砖等组成。砂砖和粉煤灰砖以粉料为主要原材料，能够充分使工业废料被再生利用。

5. 瓦材

从西周开始，我国出现了烧制青瓦。从陕西省岐山县凤雏村的遗址当中，考古人员挖掘出了少量瓦片，它们堆积在屋顶之上，由此可以推测当时瓦片已经开始被运用于屋顶之上，或是作为部分屋脊的重要部分。同一时期的其他村落遗址中还发现了更多种类的瓦片：板瓦、筒瓦。板瓦直接铺在屋顶上，筒瓦则铺在每两行板瓦中间，交错施工。

瓦材种类较多,按组成成分可分为琉璃瓦、水泥瓦、沥青瓦、石板瓦四大类,不同种类的瓦片可分别用作屋面的盖瓦、檐口瓦等构件。

瓦材的烧制与烧结砖原理相同,以页岩、煤矸石等粉料为主烧制而成。从材料种类上说,不同种类的瓦材的性能各有特色。瓦材特性如表3-2所示。

表3-2 瓦材特性

种 类	优 点	缺 点
琉璃瓦	平整度好、防水性好、抗折、抗冻、耐酸、耐碱、不易褪色	容易变形、龟裂、寿命不长
水泥瓦	密度大、强度高、防御抗冻性能好、表面平整、隔热性能好、使用年限长	档次低、容易褪色、维护成本高
石板瓦	柔韧性能强、抗冻性能好、平整度好、色差小、弯曲强度高、含钙铁硫量低	维修麻烦、寿命短
沥青瓦	隔热性能好、屋顶承重轻、经久耐用、美观环保、防水、耐腐蚀	易老化、抗风性较弱、阻燃性差

6. 竹材

竹作为建筑材料发展至今,一直被看作高尚品行的代表物。越来越多的现代建筑师也将自己想表达的建筑思想通过"竹"这种材料的特性加以展现。例如,长城脚下的公社中竹材的应用,是对清幽雅苑的向往,是一种建筑情怀的表达。

建筑中的竹材主要分为原竹材和加工后竹材。原竹材因其轻巧、韧性高的特性多应用于梁、柱、墙体等建筑构件。云南西双版纳地区通常采用竹材建竹楼(被称为"干栏式"建筑)。当地竹林茂密,且竹子生长速度快,取材方便,所以竹楼整栋建筑的承重体系、围墙、楼梯、门窗、栏杆等用的都是竹材。台湾的少数民族的传统民居建筑也是采用竹材建成的竹屋,通风采光效果较好。

7. 金属材料

金属是日常生活当中重要的建筑材料之一。金属材料包括钢材、铝合金等。

钢材具有极高的强度,它经常被用于坚固且耐久的场所,用于高精尖技术,甚至用来建造超高层建筑。结构用钢分为型钢、钢板以及钢索等,其中型钢是钢结构中最常见的钢材种类。钢材也包含装饰类钢,主要有不锈钢钢板、钢管、彩色涂层钢板、镀锌钢卷帘门板及轻钢龙骨等。

铝合金是常见的建筑装饰材料,门、窗框、玻璃幕墙的框架大量使用了这种金属。20世纪30年代初,铝合金开始大量应用于建筑的承重结构,如桥梁、仓储等。这种材料的延伸性极高,同时其强度能够适应于大体量的结构。

相较于钢材,铝合金的外观更具优势,且铝合金重量更轻,密度仅为钢材的1/3,是更经济的现代建筑材料。在加工方面,铝合金更容易挤压、锻造或冲压成建筑需要的形状,满足建筑结构上的需求。在抗腐蚀方面,铝合金的维护费用更低,其经久耐用,广泛运用于酸雨泛滥、气候恶劣的地区。在经济与环保方面,铝合金的回收率可达90%,大大高于钢材,因此其是典型的生态型材料。

8. 玻璃

玻璃是一种非晶体的固态物质,虽然其制造的历史已经有数千年,但是直到19世纪初才逐渐应用到建筑制造上。如今,玻璃大量出现在建筑的外表皮上,为室内提供充足的照明。近年来玻璃技术的创新,使玻璃拥有了更丰富的形态和更广泛的应用。一方面,玻璃属于易碎品,对技术有很高的要求;另一方面,玻璃可以说是非常感性的,玻璃艺术品大量出现在现代社会当中。玻璃是透明的或不透明的可触摸到的物质,通过玻璃将室内外区分开来,是以一种物理方式隔开了行为空间,透明的玻璃同时保留了视觉空间。

9. 混凝土

自20世纪开始,随着迅猛的工业化发展,混凝土建筑大面积出现在世界各地。混凝土给人的直观视觉感受是粗野、冷漠、单调、压抑。它以极强的可塑性能来营造各式的建筑造型,具有很强的抗压能力,但是抗拉扯能力较差。混凝土分为结构性混凝土与非结构性混凝土。

结构性混凝土的作用是直接承受建筑重力的荷载,例如,建筑中的梁、竹、混凝土墙壁等,只要受到了力的荷载,都属于结构性混凝土;而砖混结构建筑的砌体材料墙体虽然也能够承受荷载,但其中墙壁的承重结构是砖,混凝土只是为了让结构更为稳固,只是有着砌筑的作用,因此这种就不能称作"结构性混凝土"。

10. 其他材料

很多地域特色的物料也被赋予建筑材料的身份。在闽南地区,民居搭建会将当地废弃的石磨、牡蛎壳、珊瑚石等加入墙体材料中,或者直接采用坩埚和砖石一起砌筑成墙体;在西藏,民居搭建会加入白玛草作为建筑墙体的材料;在国外,东南亚等热带国家会采用重木和棕榈作为建筑木构架,以棕榈叶做屋面,以树皮做墙身。

由此可见,在实际建筑中,除了传统的建筑材料之外,会有更多当地的原生材料逐渐被用作建筑材料。其出现的原因有三：一是源于就地取材的便利性，二是可以有效地降低建筑成本，三是加入当地特有的废料或是本不属于建筑的材料，增强了建筑的地域特色，并成为一种文化，逐渐传承下来。

（三）建筑材料的工艺做法

建筑表现可以通过材料特性与其工艺做法得以实现。采用土、石、砖这样坚固的材料，以墙体建造围合出厚重的空间感，适合庄严、肃穆的公共建筑和民居建筑；木、竹、瓦这类轻质的材料可以通过其自身色彩、加工工艺形成灵动的建筑空间。

1. 木构架

中国传统的木结构建筑可以分为大木作与小木作。大木作由完整、韧性高的木材作为主体梁架结构，保证其抗拉性能完好；小木作主要是门窗、椽檐的雕刻与榫卯连接构建。人们对木结构建筑的情怀历史源远流长，中国传统建筑搭建技艺首推的就是木工。从早期的图腾雕刻、宅邸的斗拱、屋脊上的木雕，到室内摆放的木质家具、木工艺品，都离不开对木材的应用，文学上更有诗词歌赋对松柏桃李这样的树木进行拟人化的描写，颂扬其品格。

不光是传统建筑，在现代建筑中，木材也发挥着其优秀的空间形态表现力。以木材搭建成的轻巧美观木结构建筑，建筑层次分明，打破了现代主义建筑采用大块石材的冷酷的刻板印象，让现代建筑的发展多了一个创新思路，也就是说，同样是现代化的简洁设计，加入木材的运用与新的构建手法后，可以有更多的创新发展。总之，传统木建筑材料，无论是在早期的民居建筑中，还是在现代的公共建筑与住宅建筑中，都发挥着不可替代的功能，并逐渐形成新的建筑手法。

2. 红砖墙

"红砖青瓦"是对民宅建筑一种富有诗意的描述。在一些南方村落，于烟雨朦胧中，踏着石板路，看着小巷两边红砖青瓦的民宅，是村子中的日常生活场景。村子中的住宅多用砖材也是因为砖砌墙体是应用广泛且操作简单的一种做法。最早有红砖、青砖、水泥砖，后来随着技术的发展，越来越多的"再生砖"衍生出来。再生砖是由多种材料组合而成的，不光是为了解决废旧材料的再利用问题，在现代科技的辅助下，再生砖可以有更强的抗压性、持久性，材料的使用寿命延长。

在技术的发展支持下，传统材料不再只是单一的存在，它们可以衍生出新技术材料。中国的砖瓦文明历史悠久，需要传承，但更要以创新面貌发扬起来，跟着科技共同进步，给建筑发展提供一个新的选择。

3. 石基础

在传统民居的建造过程中，山区由于山地海拔不同，街巷高差比较明显，为了使临近建筑基本在同一高度，常以加高基础的手法来达到这一目的。另外，为了防止雨水渗进室内，常用基础增高室内地平。在此类建筑中阶条石多为整块的长条形石材，而陡板和埋头石则由不规则的石块砌筑。大片的毛石适合用于院落地面铺装或是街巷小路的铺装——在山区地带，石板路可以防止降雨后的泥泞，夏天也能起到降温作用。大小不一的石板拼在一起不需要复杂的工艺，施工简单、迅速。

4. 石墙砌筑

石墙和砖墙的砌筑原则相同。为保障墙体的稳定性和强度，石材同样要求上小下大的摆放原则，并且要避免通缝，采用错缝搭接。石墙体、台基拥有自己的材料特性，如果不进行多方向砌合就会造成墙面分层、裂缝，最后使墙体开裂或者倾斜，最终导致建筑的坍塌。人们在实践中逐渐形成了现阶段的砌筑手法：水平方向错缝拼接，垂直方向顺丁结合，外墙与内墙的石材交错结合，使各个方向的负荷经由多个方向分解，并通过石材之间产生的挤压与磨蹭，减轻墙体荷载，从而减轻建筑基础负担；将石块按照上小下大的方式排列，增加墙体的安全性；将稳定的大块石材作为坚实的底座基础，上部墙身依次选用尺寸不同的石块，避免通缝，也可以合理地将石材不浪费地用于建筑的堆砌上，满足建筑的经济性。

5. 瓦片屋面

瓦是中国传统建筑屋顶的主要铺设材料之一。层叠起伏的青瓦屋顶，传达出的是浓厚的东方建筑意味。对瓦片回收后再次应用到建筑中去，表现了材料的非单一做法——伴随着建筑文化与技术的发展，这种由新颖手法与传统材料相结合的新建筑形式开始发展起来。而将瓦这种传统材料加以再利用，也是出于对传统材料深厚的"瓦片情结"。

北方建筑屋面最常用的材料就是瓦。瓦作屋面的历史悠久。瓦的种类不同，工艺手法也有所不同。在京西的传统民居中，根据等级不同，屋面的用料也不同。大户人家或是官宦宅邸的屋面做法讲究，先起屋脊，常用的为合瓦和筒瓦；普通百姓家用板瓦屋面较多，可以采用全是板瓦的屋面做法，或是板瓦与石板瓦结合的手法，形成棋盘心屋面。

（四）建筑材料的再利用

1. 建筑废料与再利用

老旧建筑因不适宜居住并存在安全问题是需要拆除的。建筑在拆解过程中必然会产生建筑垃圾，包括砖渣、废弃金属、木料、剥落的石块、砖材、废钢料与混凝土等。建筑垃圾比起生活垃圾更为重要，因此更需要"垃圾分类"。正确认识废料的性质，"变废为宝"，是实现废旧建筑材料循环利用的前提条件。

可以说，建筑的损毁是必然的，每个建筑都有自己的使用寿命。对一个建筑的全生命周期来说，从材料生产、建筑建造、建筑使用到建筑发生损毁直至生命周期终点，还有最终的一步是将建筑材料回收再利用。对于矿石这类不可再生资源来说，保证其充分被循环利用是对资源的节约；对于木材、竹材这类可再生资源来说，再利用是对建筑循环经济的一大贡献。

以部分传统村落为例。人员流失造成村落空心化，建筑使用率降低，一些建筑年久失修、风化坍塌严重。另外，居住于此的村民也想对建筑进行拆除改建。可以说，建筑脱离不开"建成—使用—损毁"的过程。原始建筑拆解后，可用材料可再次组成新建筑。旧建筑的拆解是把双刃剑，不仅为新建筑提供了更多的空间，而且给新建筑提供了更多的材料。传统村落建筑发展早，面临拆解更新的时间也更早。在传统村落的建筑发展中可以看到，已经有很多不同的传统材料通过再利用手法得到了展现与应用。

2. 不同材料的再利用

（1）木材

木材是建筑中常用的建筑材料，用量大而造成其废料量占比高。为了改善材料的浪费，也为了减少树木的砍伐、维护生态环境，木材的节约、再利用是需要着重研究的项目。

在传统建筑中，木材应用于建筑的梁架、柱子等部位，起主要承重作用。经历几十年、几百年后，有的建筑达到使用寿命极限。此时将建筑拆解，原本的木材多因为腐蚀、潮化，韧性与抗拉性能远不及新的木料，不再适合用作新建筑的承重材料。

废旧木料最常见的一种再利用方式是将它们统一收集起来，按照破损程度逐一分类，可用的木料由工厂加工形成新的木料，多用于木地板、木家具的室内装修与再加工。另一种再利用方式是充分发挥材料本身所承载的文化意义。木料颜色的变化、枋上模糊的木雕，都是建筑历史痕迹的见证。虽然老旧的木结构建筑不得不经历拆解重建这一过程，但是其组成构件可以通过建筑装饰的手法在新建筑中得以延续。木材的纹理、色泽、历史痕迹都是材料的自然属性，并且可以以建筑表皮的方式更好地融入环境当中。这样做既可以节约自然资源、延长材料使用寿命，又符合绿色建筑的可持续发展原则。

（2）石材

在传统建筑材料中，石材属于应用极为广泛的不可再生资源，且石材本身质地坚硬、不易破损、使用寿命长。石材的再利用方式很多，经常被人们使用。闽南地区现已形成完整的石材再利用形制——出砖入石墙。这种做法可以大量吸收规格各异、表面材质不同的石材，与砖材混合后形成当地特色的墙体结构，并融入当地的牡蛎壳、珊瑚石等特色材料，在加固墙体的同时丰富建筑色彩。

废旧石材除可以再次收集应用于墙体外，还可用于地面铺装。破碎的石块不利于墙面的使用，但是对于局部的室内铺装可以提供更多装饰感。例如，不同种类的花岗石、大理石的纹理不同，从而使建筑的地面铺装各不相同，具有各自的风格；又如，大块的条石可再利用于街巷道路的铺装，节约石材资源，并且可与村落的整体风貌和谐统一。

（3）砖瓦

建筑在拆解过程中，难免会形成二次消耗。例如，木材梁架在拆解时发生折断；砖瓦在砌筑时因需要水泥砂浆的加固，因此拆解时很难将砖瓦干净地剥离出来。

砖瓦的废旧利用同木林、石材的再利用相似。首先是将废旧的砖瓦根据等级划分。破碎程度较高、无法直接利用的材料可直接用于建筑基础的骨料；保留程度较好的砖材，直接以旧砖叠砌墙体，墙面肌理样式特别，虽然保温性能不如新砖，但通风效果更好，在南方地区适用性强；对于围护结构材料基本性质要求高的建筑，废旧的砖瓦都很难继续以原功能延续使用，因此只可作为装饰材料。建筑师王澍最常用的建筑手法就是将老建筑中的废旧材料作为新建筑的表面肌理，唤起人们对建筑的记忆，使新建筑中带有原有建筑的"历史气息"。

（4）其他材料

地域建筑可以形成鲜明特色的原因是融入了当地的元素。最早，人们在搭建建筑时，为了方便会就地选取建筑材料，同时为了节约成本会尽量将可利用的材料都用于建筑设计当中，因此便多出了很多特色建筑材料。例如，柑埚原本只是生活器皿，为了防止浪费开始被人们应用于建筑中。其硬度可以作为墙体的保障，虽然形状特殊，但形成了特色的建筑风格。又如，白马草、桔梗等植物本是非建筑材料，但是通过与水泥、夯土的融合，充分发挥其连接韧性，使墙体更牢固并提高保温性能，在我国西北地区应用广泛，是有利于地方民居降低成本、增强房屋稳定性的一大方式。

3. 再利用价值

材料再利用方式的多种多样让人们意识到，废旧材料可以作为资源再次利用，从而为建筑的循环利用提供了思路。材料不再有固定的使用位置与使用方式，从新材料到废旧材料，人们在发觉材料更多的性质与使用方式，以充分发挥其再利用作用。非建筑材料的应用为人们提供了更多建筑材料选择方式，只要性质可兼容、功能可适用，就可作为再利用方式的一种，为建筑创造新的价值。

（1）经济价值

在材料再利用设计中首先需要研究项目的经济性，并且经济性也是项目可行性的评判标准。因此，经济价值是再利用评价的重要因素。无论原生材料、拆解的废旧材料、再生材料都有其自身价值，如何在建筑中发挥材料最大的价值表现力，是再利用设计中需要研究的问题。

（2）历史价值

在对传统建筑材料的研究分析当中可以了解到，材料与地域文化有关，不同材料承载着不同的民俗文化、不同的历史环境，是文化的载体。当建筑风格与材料语言融合在一起时，就形成了独特的文化表现。例如，石材本身坚固耐磨，中西方建筑都将石材定为"永恒"的象征。当建筑损毁后遗留的石材再用于新建筑时，依旧可以传达其质感与内涵，并通过材料语言向世人展示出来。

（3）美学价值

材料从纹理到构造形式上都有各自特性。例如，木材从质地上可分为硬木、软木等，因质地和表面纹理不同，用作梁架、椽檩、柱子、门窗、地板的构造手法也不同，但目的都是在稳定建筑结构的前提下，使其更具有观赏性；石材从形状上可分为块石、条石、片石、毛石，它们在表面纹理、颜色方面有显著区别，设计师可通过丰富的石材制作工艺，展现其作为传统建筑材料的美学价值。

（五）新型绿色建筑的用材

1. 绿色建筑概述

20世纪后期，物质资源的损耗以及生态环境的破坏，使人们有了节省物质资源、保护生态自然的意识，人们开始注重按可持续发展的原则开展实践。

20世纪中后期,各种针对绿色建筑的分析、设计与阐述,以及全面应用的综合实践探究快速发展。到了20世纪70年代,欧美一些国家因石油造成的经济社会危机开始全面、深入地分析有关建筑节约能源的问题。20世纪80年代,建筑节约能源的有关系统和结构体系已经充分得到改善、提升,并逐步成熟、稳定。到了21世纪的今天,绿色建筑的分析与探究,早已由探索阶段的基本技术原理、建筑组成单体、节约能源的专业技术等方面,拓展为多方面相互交叉的整体性系统,全面覆盖了建筑的综合深化应用设计、建设施工、综合管理等建筑使用寿命的全生命的各个不同的时期。

中国政府支持绿色建筑发展,颁布并且实行了针对绿色建筑层面的国家管理政策和改革指导方针。当前,我国政府职能部门对城镇投资建设的发展方式十分关注,支持并推广绿色建筑,推进城镇投资建设方式科学改变、发展转型,这些措施为中国绿色建筑的进步与发展提供了良好的机会。

建筑生态与人类活动的关系十分密切,建筑生态系统的动态平衡性是绿色建筑理念的核心。这种动态平衡性可以概括为建筑在取材于环境的同时服务于环境,在产生废弃物的同时能够将废弃物加以循环利用,减少对城市生态系统的影响。通过对绿色建筑持续的理论研究与实践,目前学术界已形成绿色建筑的统一概念:绿色建筑是在其全生命周期内能够最大限度地节约资源、保护环境,为人们提供健康、舒适、高效的使用空间,最终实现人与自然和谐共生的高质量建筑。绿色建筑的特征如下。

①高效性:为了减少污染物的排放,减少各种资源的消耗,绿色建筑设计应提高资源的利用效率,尽可能使用可再生材料、可再生能源与低能耗高效率的电器化设备。

②经济性:绿色建筑设计不能一味追求建筑的"绿色化",还应该考虑建筑在建造与运营阶段的费用使用情况,追求经济与绿色的协调与平衡。

③系统协同性:绿色建筑要最终实现全寿命周期内建筑物与其周围环境组成的复杂耦合系统的协调。

④地域性:绿色建筑的设计要密切结合当地情况,如地理环境、经济水平、地域文化等,因地制宜地制订设计方案。

⑤健康性:绿色建筑通过对室外与室内环境的调控,如温度、光照,为人们营造出有利于人们身心健康的环境。

⑥自然性:该特征要求绿色建筑要尽可能地避免和降低对周围环境的破坏,保持原有生态环境的稳定。

2. 绿色建材概述

绿色建材的理念是应用环保节能型材料，满足建筑节能需求，实现建筑可持续发展。在绿色建材生产过程中，人们应用创新的科学技术，充分利用资源，以达到产生更少的废弃物、降低城市噪声等目的。用绿色建材实现资源的再循环，可以缓解能源紧缺问题。同时，绿色建材可以节省资源、延长材料使用年限。在建筑完工后，按照工程的实际需要，回收可重复利用的建筑材料，有利于建筑业的可持续发展。

3. 绿色建材的分类

（1）节省能源和资源型建材

节省能源和资源型建材是指在生产过程中能够明显降低对传统能源和资源消耗的建材产品。节省能源和资源，可以使人类已经探明的有限的能源和资源得以延长使用年限，这本身就是对生态环境做出了贡献，也符合可持续发展战略的要求。同时，降低能源和资源消耗也就降低了危害生态环境的污染物产生量，从而减少了治理的工作量。

（2）环保利废型建材

环保利废型建材是指在建材行业中利用新工艺、新技术，对其他工业生产的废弃物或者经过无害化处理的人类生活垃圾加以利用而生产出的建材产品。例如，使用工业废渣或者生活垃圾生产水泥、使用电厂粉煤灰等工业废弃物生产墙体材料等。

（3）特殊环境型建材

特殊环境型建材是指能够适应恶劣环境需要的特殊功能的建材产品。例如，能够适用于海洋、江河、地下、沙漠、沼泽等特殊环境的建材产品。这类产品通常具有超高的强度、抗腐蚀、耐久性能好等特点。我国开采海底石油、建设长江三峡大坝等宏伟工程都需要这类建材产品。对建材产品来说，产品寿命的延长和功能的改善是对资源的节省和对环境的改善。例如，产品寿命增加 1 倍，等于生产同类产品的资源和能源节省了 50%，对环境的污染也减少了 50%。相比较而言，长寿命的建材比短寿命的建材就更增加了一分"绿色"的成分。

（4）安全舒适型建材

安全舒适型建材是指具有轻质、高强度、防火、防水、保温、隔热、隔声、调温、调光、无毒、无害等性能的建材产品。这类产品纠正了传统建材仅重视建筑结构和装饰性能而忽视安全舒适方面功能的倾向，因而此类建材非常适用于室内装饰装修。

（5）保健功能型建材

保健功能型建材是指具有保护和促进人类健康功能的建材产品。它具有消毒、防臭、灭菌、防霉、抗静电、防辐射、吸附对人体有害的气体等功能。这类产品是室内装饰装修材料中的新秀，也是值得今后大力开发、生产和推广使用的新型建材产品。

4.绿色建材的发展趋势

近几年来，美国、日本等工业发达国家对绿色建材的发展非常重视，已经就建筑材料对室内空气的影响进行了全面、系统的基础研究工作，并制定了严格的法规。国际标准化机构也在关注环境调和型制品的标准化。这些大大推动了绿色建材的发展。

（1）绿色建材在中国的发展

改革开放以来，随着我国经济、社会的快速发展和人们生活水平的日益提高，人们对住宅质量与环保的要求越来越高，使绿色建材的研究、开发及使用越来越深入和广泛。建筑与装饰材料的"绿色化"是人类对建筑材料这一古老领域的新要求，也是建筑材料可持续发展的必由之路。我国的环境标志是 1993 年 10 月公布的。1994 年 5 月 17 日，中国环境标志产品认证委员会在北京宣告成立。1994 年，我国在 6 类 18 种产品中首先实行环境标志，水性涂料是建材第一批实行环境标志的产品。1998 年 5 月，我国科技部、自然科学基金委员会和"863"计划新材料专家组联合召开了生态环境材料讨论会，确定生态环境材料应是同时具有满意的使用性能和优良的环境协调性并能够改善环境的材料。现在，我国绿色建材的发展虽然取得了一些成果，但仍处于初级阶段，今后须继续朝着节约资源、节省能源、健康、安全、环保的方向发展，开发越来越多的物美价廉的绿色建材产品，提高人们居住环境的质量，保证我国社会的可持续发展。

要实现绿色建材的可持续发展，需要做好以下几个方面的工作。

①将绿色建筑纳入基本立法中。

为了更好地创建节约型社会、发展绿色环保社会，采用绿色节能建筑长期以来一直是实现节能降耗总体目标的关键途径。目前，我国绿色建筑相关规定主要是地方性政府规章和地方性法规，地区间的绿色建筑规定不一致，然而，在推广绿色建筑发展的进程中，需要有法律强制性规定作为保障，明晰责任，划分责任主体，才有利于目标实现。当前，我国绿色建筑的法律欠缺，只有将绿色建筑纳入立法中，才能保证绿色建筑健康、可持续发展。故适时加强绿色建筑立法十分必要，其必要性主要体现在以下两方面。

首先，绿色建筑的法律法规需要完善。在现阶段，一些与绿色建筑有关的文件，主要是地方性"规划""要求"等，法律认可度低，难以据此合理处理。

其次，绿色建筑本身是跨行业的组合。当涉及绿色建筑的领域变得越来越多样化时，就会出现"跨界"情况，并且会出现诸如"难以管理和无法管理"之类的法律问题，因此需要通过立法予以规范。

综上，绿色建筑想要健康发展需要通过法律来规范和引导，健全的绿色建筑法律体系是绿色建筑健康发展的根本保障。

②明确绿色建筑技术发展与激励措施。

绿色建筑的推行一定要有相应的适宜技术的支持，和国外相比，一些绿色建筑技术在我国还没有得到大规模应用和发展，因此，我国在吸收国外先进经验的同时要重视对本国国情的研究。同时，发展建筑技术要结合项目实际，并且尽量提高技术对于建筑行业的贡献率。政府可以制定一定的技术开发政策来鼓励相关技术的发展。目前我国政府已出台了《绿色建筑技术导则》等文件。为推动绿色建筑相关技术理论和实践的进展，需要进一步明确绿色建筑技术发展方向，完善绿色建筑技术指导细则。

此外，现阶段，在我国的技术鼓励政策方面，要探索绿色技术发展，我国就必须给出大量的政策指导，积极创制可以贯穿于技术设计和规划、工程建设和运营管理方法的技术评价标准体系。同时，我国应在借鉴国外经验的基础上，结合国家的具体情况，制定合理的技术鼓励政策。例如，对生产绿色建筑产品的市场主体给予财政补贴和税收优惠政策，以推动绿色建筑的发展。

③树立可持续发展的生态建材观。

人们应从人类社会的长远利益出发，以人类社会的可持续发展为目标，在这个大前提下来考虑与建筑材料生产、使用、废弃密切相关的自然资源和生态问题，包括建材的循环再生、资源短缺、生态环境恶化等。

④提高全民的环保意识，提倡绿色建材。

社会环境意识的高低是衡量国民素质、文化程度的重要标尺。人们应利用多种媒介进行环境意识、绿色建材知识的宣传和教育，使全民树立强烈的生态意识、环境意识，自觉地参与保护生态环境、发展绿色建材的工作，以推动绿色建材的健康发展。

⑤引入绿色建材第三方认证制度。

在国际上，绿色建筑材料被称为生态建筑材料、环保建筑材料、健康建筑材料。从狭义层面来讲，绿色建筑材料指的是那些无毒害、无污染、在使用时不影响人类生活安全和周遭环境安全的建筑材料。发展绿色建筑的前提是发展绿色建材，也可以说，绿色建材的集合构成了现代意义上的绿色建筑。政府应对绿色建材进行严格规范，同时通过第三方认证制度管理绿色建材及其零部件行业。可通过建立健全相关法律制度的方式，认证第三方机构的资格，放宽对低能耗、无污染的绿色建材的监管，将绿色发展融入绿色建筑之中。例如，北京国建联信认证机构有限公司（俗称"国建认证"）于 2020 年 8 月 3 日被批准成为我国的绿色产品质量认证组织。这是我国装饰行业中的第一家绿色建筑权威认证公司。其验证范围包括：地砖（木板）、陶瓷卫生洁具、建筑玻璃、防潮和橡胶密封、隔热材料、建筑涂料、家具、人造板和木地板及木塑板产品。

⑥加强绿色建材的研究和开发。

要保证绿色建筑的可持续发展，关键是研制开发及推广应用绿色建材产品。绿色建材开发主要有两条技术途径：一是采用高新技术研究开发有益于人体健康的多功能建材，例如，抗菌、灭菌、除臭的卫生陶瓷和玻璃，不散发有机挥发物的水性涂料、防辐射涂料、除臭涂料等；二是利用工业或城市固态废弃物或回收物代替部分或全部天然资源，采用传统技术或新工艺制造绿色建材。

⑦做好技术的引进、消化和吸收工作。

企业对引进技术应深入调查、严格把关，避免盲目、重复和低水平引进。企业应尽量采取购买技术专利或软件的做法来引进设计生产的关键技术，及时组织好吸收、消化和创新工作，切实解决以往重技术引进、轻消化吸收的不良倾向。

（2）绿色建材在国外的发展

不少国家都较为重视绿色建材的发展状况。德国 1978 年发布了环境标志"蓝天使"，7 500 多种产品得到认证。美国环保局和加州大学开展了室内空气研究计划，确定了评价建筑材料释放 VOC（挥发性有机化合物）的理论基础，以及测试建筑材料释放 VOC 的体系和方法，提出了预测建筑材料影响室内空气质量的数学模型。丹麦、挪威推出了"HMB"（健康建材）标准，并规定，对于所出售的涂料等建材产品，在使用说明书上除标出产品质量标准外，还必须标出健康指标。瑞典也积极推动和发展绿色建材，并已正式实施新的建筑法规，规定用于室内的建筑材料必须实行安全标签制，并制定了有机化合物室内空气浓度指标限值。另外，芬兰、冰岛等国家于1989年实施了统一的北欧环境标志。1988年日本开展环境标志工作，十分重视绿色建材的发展。

目前，国际上对于绿色建材的发展走向有以下三个主流观点。

①删繁就简。这主要是针对一些地方存在的铺张浪费和豪华之风而言的。国外一些国家已经将节省开支当作可持续发展建筑的一项指标。创造一种自然、质朴的生活和工作环境与可持续发展是一致的，也是建设节约型社会的必然要求。

②贴近自然。该观点提倡选用自然材料，突出材料本身的自然特性，例如选用木结构建筑。第一次世界大战时期开始流行的稻草板建筑材料有其生态优势，其主要原料稻、麦草是可再生资源，在生产制造过程中不会对生态环境造成污染。

③强调环保。

第一，环保有益于人体健康。例如，加拿大的ECOLOGO标志计划和丹麦的认证标志计划都是主要从人体健康方面出发来考虑的。

第二，环保有益于环境。对于生态环境材料，不仅要求其不污染环境，而且要求其能够净化环境。例如，带有TiO_2光催化剂的混凝土铺路砌块已开始走出实验室，被铺设在交通繁忙的道路边的步行道上，进行消除氮氧化物、净化空气的应用性实验。

第三，环保可以减少环境负荷。一是降低能量损耗，减少环境污染。二是充分利用废弃物，减少环境负荷。利用废弃物研制建筑材料是绿色建材发展最重要的途径之一。

二、建筑材料的景观表现及应用

（一）生土的景观表现及应用

生土相对于其他乡土材料来说，并不适宜用于室内地面，更适宜用于建筑以及景墙。

1. 材料混搭

通过控制生土的成分、颗粒以及添加颜料或是纤维，可以获得不同质感、肌理、色彩的土材。这种手法简单、高效，能一次性达到预期效果，后期无须二次处理生土表皮，可控性高，同时能提高生土的材料性能。这种施工手法常应用于建筑墙体，例如，夯土墙的建筑可以运用改变生土质感的方式来丰富墙面。与油漆、抹面相比，这类工艺有更好的持久度、更易维持，因为表皮脱落后仍不影响整体墙面，具有残缺的美感。

除了改变生土本身之外，将其他材料与生土搭配也是惯用的施工手法。例如，传统聚落营造常以生土混合石材、砖材混搭使用。尤其是在湿润多雨的中国南部，土墙吸水性强，受潮后荷载力下降，受屋顶以及梁柱的挤压容易垮塌。因此人们在建造夯土墙或土胚墙时，一般使用石材或砖材加固地基，防止潮气渗透墙体。现代建筑景观中沿用了这种手法，衍生出以钢材、玻璃这类精密平滑质感的材料对比生土粗粝朴素质感的手法，也有使用木材、砖材以及石材这样不同风格的材料还原生土所带来的质朴乡土氛围的。这些手法在建筑墙体、景墙及建筑表皮装饰中能起到很好的效果。

2. 抹灰和肌理设计

生土不均匀的材质可以带来变化多端的表面肌理。在这种变化可控后通常用于夯土墙的表皮装饰。现代常用的施工办法有两种：在用模具固定墙体尺寸形状后，将不同颜色的生土分层倾倒、夯实，形成自然的带状图案；在墙体拆模一小时内，用工具处理半干的表皮，形成图案和浮雕。除此之外，也可以通过生土抹灰的方式，在成型的墙面塑造斑驳的肌理，装饰效果类似于装饰砂浆抹面——随意堆砌涂抹的生土形成的肌理，有着不可复制的质朴和亲切。

3. 压缩土块

压缩土块与土胚的制作原理相似：将生土压缩成垂直六面体的块状，以一顺一丁组砌建筑。传统聚落中压缩土块通常大小不一，同时结合夯土、砖块使用，层次丰富、灵动，可根据所需功能、结构调整。另外，这种表现手法可以通过控制压缩土块模板改变土块形状，从而丰富墙面肌理。

4. 种植土

参照掩土建筑的做法，在建筑上覆土并种植植物，在增加绿化面积的同时，能够隔绝热量和抵御寒冷。这是因为植物可以通过光合作用吸收大量热量，调节室温，有节能减排的作用。不仅如此，植物还能吸收噪音、降低声音的穿透力、减弱城市声音污染。这种做法使植物与生土隔绝了建筑外立面和外界的直接接触，延长了建筑的使用时限，同时使保温层与排水层的使用年限增加。此外，植物还能吸收地表径流、延缓雨水的瞬时通量、减轻排水系统的负担。

（二）木材的景观表现及应用

木材与石材、砖瓦都是中国古典园林中的景观意象的外化的基础，既可以作为架构，又承担着墙体、铺装和景观小品的功能。对于木材来说，在木架构体系下，木材的运用不但是功能需求，而且体现出文化气息。木材是能将结构之美体现出来的材料，富有生命力和人文气息。

1. 木质构筑物

不论古今，木质构架以其自重轻、承重能力好、灵活易加工等优点得到广泛应用。木质构筑物不仅在景观中可以作为观赏建筑，而且可以发挥商业、休憩和娱乐的功能，如亭台楼阁、木屋木桥、景墙花架等，设计者在设计的过程中需要兼顾功能需求与美感和谐度。原木与加工后的木材，在质感上有很大差别。原木的亭廊，其亚光粗糙的质感营造出质朴天然的景观效果，在还原自然的场景上有很大优势；经过防腐防水处理的木材，其使用寿命更长，光滑紧密，更符合现代景观的使用需求。

2. 木质铺装

木材作为有弹性的软性材料，在铺装的应用上十分常见。木材与自然的融合度高，能够吸引人们接近、停留，给人以闲适、协调的感觉。因此，木材多运用于亲水平台、林间草坪、观景栈道栈桥、台阶和人群聚集的场所。在这类应用中，木材的使用一方面能给空间做出区分；另一方面，木材自重轻，可以架空铺陈，能减少对生态的破坏和负担。

尤其是在自然与人工碰撞的景观处理中，木材铺装往往充当过渡的重要角色。在亲水设施中，木质栈道、平台、栈桥能与柔和的水面协调，模糊水景边界感，还能和生态草坡、生态驳岸相呼应，在色彩与材质上形成鲜明对比。总体而言，木材体量轻盈，能加工成较小的部件并灵活组合，做好防护后耐用性好，与石材、植物的搭配度高。

3. 木质设施

与其他乡土材料相比，木材具有优良的成型效果，易于加工，在公共空间、住宅小区、商业广场等场景中常用作景观设施的建造材料。例如，座椅栏杆、指示牌、垃圾桶等，既能服务于各类场景的需要，又具有人文气息与艺术氛围。在与金属、钢材、玻璃等冷硬精密的现代材料的对比下，木材能够凸显出温暖氛围。

（三）石材的景观应用及表现

天然石材具有不可人工复制的色彩和纹理，作为建筑景观的材料已有千百年的历史。石材的质感和坚硬的线条表现出大气简洁的气派，在景观中的应用不可替代。以下是几种常见的石材景观应用及表现。

1.景观构筑物

在中国传统园林中，对石材的运用就已经非常纯熟。与木材一样，石材既是构景要素，又具备观景、休息、标识等功能。石阙、石华表、石桥、塔台等都属于石质景观构筑物。通过改变石材种类、色彩、体量大小能组合成各异建筑。石材与绿植搭配有种刚柔并济的冲击感，能够凸显石材的古朴厚重之美。

2.景墙

石材在景观上的运用效果出彩。石材天然的纹理与不均匀的色彩，具有独特的表现力。规整的石料组砌并做一定的镂空设计，景色虚实交映，弱化了自然与人工的边界感。而使用大小不一的不规则石块加以黏性材料浇筑，既坚实耐久又有活泼灵动之感。

3.路面铺装

石材加工难度较大，因此在应用到路面时，多保留了石材天然的不规则面，并针对每个石料的特点安置铺陈。园路、广场、台阶、汀步、踏跺在应用石材时几乎包含了常见的石料——石板、石块、砾石、鹅卵石、青石等。石材在呈现场景氛围和划定空间上能够起到重要作用。例如，人流聚集的开阔场地适宜用平整的石板或者石块，以颜色材质拼接图案；在楼梯、山地斜坡、曲折的水岸边则需要使用碎石、石片、卵石组成摩擦力大、排水性好的粗糙防滑路面，并可用细石配合不同颜色组合图案装饰。

4.景观小品

石材制作的景观小品多为桌椅、石凳、石灯、花坛、指示牌、景石摆件等，能够丰富景观的竖向层次，增加景观的文化属性。石材在户外环境中耐腐蚀、耐磨损，愈经历时间的洗礼，愈显得温润亲切。以石材制作的景石摆件分为人工雕塑和自然石景。人工雕塑作为人们的情感意象以及文化载体，加工后供人欣赏。自然石景则是挑选出独特的石头单独摆放或组合堆叠，形成独特壮观的景观，以物寄情，是我国古典园林的经典之作。

（四）砖材的景观表现及应用

砖的应用有着悠久的历史，其景观表现有自己独有的风格与气质。由砖砌筑的建筑或景观，经过时间的洗礼更显其历史价值与文化氛围。砖材还具有无污染、耐压、保温等优点，且功能性与装饰性兼有，故砖材在景观上的应用以及表现主要围绕砖墙和铺装展开。

1. 砖墙

实心黏土砖的尺寸为 240 毫米 ×115 毫米 ×53 毫米，多孔砖和空心砖根据地区则有所差异。由于砖材有固定的尺寸与规则的形状，所以在考虑稳固性和承重的基础上，人们通常有 6 种常见的排列方式对砖材进行组砌，以达到不同的景观效果。例如，砖的大面朝下，窄边相连为顺砖，宽边相连为丁砖；砖长窄面朝下，短边相连为顺侧砖，长边相连为陡砖；砖的短窄面朝下，短边相连为侧立砖，长边相连是立砖。这些砌法通常根据需要灵活组合。

砖墙在景观中常以两种表现手法——实心墙和有孔砖墙为基础应用。由砖墙堆砌的墙体的肌理的影响因素是砖材本身的质感和表现力以及砖与砖之间的距离——缝。它的宽窄形态通过砖的不同组合、位置的变化产生凹凸变化，给人一种偶发性的天成之美。实心墙就是直接由砖辅以黏性材料砌筑的墙，通常可以通过砖材的色彩、材质的混搭获得丰富的视觉体验，打破传统的砖墙仅作为结构的印象。人们在挖掘砖的新变化形式的过程中，试图给予砖块轻盈性与装饰性，如空心砖墙使空间相互渗透，消解砖材的体量感，虚实相间的空间围合使光线、空气、声音流动。

2. 铺装

砖材铺装结构一般按是否砂浆填缝和基础层种类分类。其中一种是砂浆填缝的刚性材料与刚性基础搭配，柔性材料则一般不使用砂浆填缝。人流量小的二级道路一般使用骨料和沙砾作基础，人流量密集的路面通常使用混凝土为路基，其他情况则使用沥青路基。

由于单个砖块的可控性，所以砖块可以形成有节奏的规律性装饰图案。现代常用的铺装样式有人字形、直排形、鱼骨形等。不同的样式可以服务于不同的场合。例如，直行铺装显得规整、沉静，对场地有很好的限定感；曲形的园路可以使用丁砖顺铺，有较强的方向指向性，动感灵活。

（五）瓦材的景观表现及应用

瓦片最初主要作为屋顶的材料被广泛使用，且在封建社会以等级划分。瓦材的种类和颜色丰富，随着技术的进步，瓦材不再仅限于功能性，它独特的形状与地域特色，逐渐使其装饰性凸显出来。不论是堆叠还是搭接，易于形成它独特的韵律美。瓦材在景观上的应用以景墙、景窗、铺装与景观设施为主。

1. 景墙与景窗

瓦片带弧度的造型堆叠后做成景墙，与水景的波纹有所呼应，能让人联想到雨落瓦檐的意境。瓦材凝固了古建筑的灵魂，新搭配联系了过去与未来。瓦片之间的镂空与空砖墙一样，能使光影景色随着视线流动，呈现一种编织的柔软感。在古典园林中，瓦景墙墙面上镂空图案的窗户又叫花窗、漏窗，是一种透景的墙面装饰。与框景不同，漏窗露出面更小更细碎，重的是瓦片组成的形式美。多变的形式、丰富的表现手法为场景烘托出古典园林的气氛。

2. 铺装与景观设施

瓦材在铺装上的应用为二维的地面增添了流动感，凹凸的纹理使地面增加了装饰性图案，具有地域性特色。在色彩上，青灰色的瓦片也体现出极大的包容性和融合度，无论是和暖色的木材对比还是和冷色的石材搭配都非常和谐。瓦材用于铺装和景观设施时，通常会与泥料、石材等材料混合使用，塑造亲和牢固的使用感。例如，以瓦和水泥浇筑的坐凳，上面用木材覆盖，有颜色冷暖、材质的对比，更是一种古典园林符号的表达。

第二节　现代景观建筑的构造

一、现代景观建筑的结构体系

（一）框架系统

框架系统是具有普遍意义的结构系统。框架系统主要由垂直和水平两个方向的结构构件组成，结构构件的受力简明、单纯。框架系统多以直线形出现，便于建造。从古希腊的石质庙宇、中国古代木结构建筑，到现在用钢筋混凝土或者钢材建造的高层建筑，不管现代景观建筑材料发生多大的变化，框架系统都发挥着重要作用。例如，现代景观建筑中的亭子、长廊、水榭等，其基本构成都是以框架结构为基础演变而来的。

（二）桁架系统

桁架结构主要的受力特征是只存在拉力和压力，而且基本采用铰接的连接方式，结构构件都由三角形组成。20世纪以来，桁架结构发生了巨大的变化，陆续出现了寰宇桁架、梅罗桁架、索形空间桁架、球形空间桁架等，使现代景观建筑的形式也在此基础上出现了更多的创新。

以上所述的框架系统和桁架系统是典型的结构系统。在这些系统中，构件的搭接和节点设计的类型非常丰富。这两个系统充分涵盖了结构受力的基本类型，同时也充分地展示了构件搭接和节点设计的技巧和表现力。各种新型而典型结构构件的分析是基于这两种系统而进行的，例如，缆索、悬索、帐篷的构件搭接和节点设计都是基于这两大系统得以连接起来的。缆索、悬索、帐篷等结构系统的缆索、膜等材料都不能单独形成结构构件，必须依赖杆件组合以提供支撑等作用，而这些杆件的构件搭接和节点设计的原理都基于框架系统和桁架系统的设计。

（三）其他形式系统

①缆索系统中最简单的一种就是在单线上挂一个荷重，常见的是在两端有支撑点、在中间处挂一个荷载。缆索也可以由中间支撑，并与桁架的压力杆结合用以传递压力杆的荷重，但压力杆两端需加上加强系件以维持稳定。例如，帆船的桅杆为压力杆，索的作用在于防止桅杆倾倒和挫曲而无法抵抗压力。

②悬索系统是随力变形的结构系统，系统承受的是拉力。悬索系统与缆索系统不一样，缆索系统的荷重是沿缆索均匀分布的。悬索的下垂量越大，水平推力越小；下垂量越小，水平推力越大。悬索结构可以大致分为单曲结构、双曲结构和双向曲线结构。单曲悬索结构是在两个主要支撑点间有两条或两条以上平行曲线所组成的，可以用此种系统直接悬挂屋顶或楼板，也可由次要杆件来做间接式的悬挂。单曲悬索结构用在桥梁上比较多见。

③帐篷是一种薄而富有弹性的拉力材料，其实基本上它也是双曲悬索，只是在缆索间的材料是连续的薄膜。当跨距增大时，薄膜需要以缆索分散成若干块。帐篷主要靠帐篷面的曲线来传递荷载。如果帐篷的边缘是有弹性的，通常会形成凹形，可用缆索加强。帐篷是造型与结构合二为一的结构系统。帐篷结构的支撑方式和悬索结构的支撑方式类似，多用桅杆支撑。

④充气结构主要沿充气构造传递荷载。充气结构所受的反力方向一定与表面垂直。充气结构共有两种形式，即充气式和气承式。充气式的薄膜为单层，灌入空气使构造内的气压较室外高，以维持构造的形状。气承式则是以气灌出柱或拱的形状作为构造物。

⑤薄壳系统，其结构为薄的曲面，将载重以压力、拉力及剪力的形式传递至支撑。薄壳适于曲线状且载重均布的建筑物，由于较薄，薄壳无法抵抗因集中荷载带来的弯曲应力。薄壳以形状来分，有球状薄壳、筒状薄壳、鞍形薄壳等。例如，球状薄壳，其拱线是由球顶的垂直剖面得到的，当球顶承受均布荷载时，沿拱线所受的力均为压力。若球顶为半球顶，球顶上部通常很稳定，但底部容易发生挫曲。

二、现代景观建筑设计使用材料的连接方法

（一）木构件连接

1.绑扎式节点

绑扎式起源于古代，人们用藤条、麻绳等工具将木构件连接起来，具体做法是用藤条等将木构件直接固定绑扎起来。而绳子的打结方式本身就可以成为一种装饰，这种方式拆卸和搭建都很方便，但承载力较差，一般用在装饰性建筑和临时建筑上。

2.榫卯式节点

传统的榫卯式节点主要指用榫卯结构进行连接。这种做法是中国古代匠师独特的创造，一般不使用金属构件，而节点处属于柔性受力，具有较强的韧性和强度，一旦受力，榫卯咬合会产生微小的形变以减弱冲击，保证整体的稳定性。

3.胶连接

胶连接即以化学黏结剂将木材构件连接到一起，形成类似于刚节点部位。黏结虽然可以达到良好的整体性，但连接处往往极脆、易破坏，因此不常单独用于木构件的节点连接，常与榫卯、绑扎等配合使用。随着科技的发展，黏结剂有了很大的突破，未来胶连接方式也有很好的前景。

4.植筋连接

植筋连接又称胶入钢筋，是指将带肋钢筋用黏合剂植入木构件预留的孔洞中，

通过钢筋来传递构件之间的剪力和拉力，增大木材本身的抗剪、抗拉能力。这种做法最早来自北欧的一些国家。

（二）钢构件连接

1. 铆钉连接

铆钉连接是将一端带有预制钉头的铆钉，插入被连接构件的钉孔中，利用铆钉或压铆机将另一端压成封闭钉头而成，主要通过构件孔壁的承压和铆钉截面的受剪来传力。

铆钉一般由延性比较好的低碳钢制作，具有很好的塑性和韧性，所连接构件之间可以有较小幅度的活动余地而不会影响结构的传力，这些特点使铆钉连接具有较好的适应变形能力和抗震能力，因此较多地用于经常受动力荷载作用结构。铆钉连接属一次成型，铆头可以冷压成型也可以热压成型，施工操作比较简单方便，质量易于检查，是最早发展起来的一种钢构件连接技术。西方早期的钢结构建筑物和构筑物，几乎都是采用的铆钉连接技术。铆钉连接的铆钉端部处理成半圆头，光滑圆润，整体形式感强。

2. 焊缝连接

焊缝连接简称焊接，是通过电弧产生热量使焊条和焊件局部熔化，然后再冷却凝结成焊缝，从而使焊件连接成为一体的方法。焊接方法较多，钢结构主要采用电弧焊，因为这种方法所需的设备简单，易于操作，且焊缝质量可靠，优点较多，是目前钢结构建筑构件连接中最常用的一种连接技术。根据操作的自动化程度和焊接时用以保护熔化金属的物质种类，电弧焊可分为手工电弧焊、自动或半自动埋弧焊和 CO_2 气体保护焊等。

焊接连接具有设计简单、可以实现任意角度和方向的连接、用钢量省、加工简便、密封性好、整体性好、刚度大、易于采用自动化操作等优点。因此，焊接连接技术几乎可以适用于任何条件下的钢结构建筑，特别对于连接构件数量多、形式复杂及有防水要求的连接有其独特的优势。

3. 螺栓连接

螺栓连接是螺栓与螺母、垫圈配合，利用螺纹连接，使两个或两个以上的构件连接（含固定、定位）成为一个整体的连接方法。这种连接的特点是可拆卸的，即若把螺母旋下，可使构件分开。

4.销钉连接

销钉连接是在铆钉连接和螺栓连接技术基础上发展起来的一种连接技术，同螺栓连接类似，通过销杆的受剪和接触面的受压来传力，用于铰接节点连接。当销钉周边有间隙时，销钉便起不了充分抗剪的作用，因此销钉连接要求销钉和销孔有很高的加工精度，这种加工的精度能表现机械化生产、工业化建造的工艺美。

销钉的作用同螺栓中的螺杆一样，但是连接中只有一个销钉，作用在一个销钉上的力一般比一个螺栓大得多。因此，对销钉的材质要求比螺栓更高，要求有较高的强度和良好的延伸性能。销钉材料可选用碳素钢杆或合金钢，例如，重庆特种钢厂生产的430Ti钢。

销钉连接时可以允许构件在连接处相互转动，完全不传递弯矩，属于铰接连接。这样的构造方式，大大简化了节点和构件的受力，使销钉连接的各构件完全处于单一受力（受拉或受压）状态，有利于发挥材料的强度，简化节点力学计算和构造设计。此外，由于销钉连接适应变形的能力强，使这种连接形式特别有利于有振动荷载和有抗震要求的建筑中。销钉连接在形式上简单、直接，销钉制作机械化程度高，外形精美，经常被用于一些需要特别加以表现的建筑部位。销钉连接只需用一根梢杆即可实现构件的连接，大大简化了构件连接的施工工作量，有利于提高施工速度和质量控制。由于销钉连接的以上优点，使销钉连接在钢结构建筑构件的连接中应用得越来越广泛。

（三）玻璃连接

全玻璃幕墙就是利用玻璃与玻璃之间的结构硅酮密封胶使玻璃板与玻璃肋连接起来，多用于建筑物的裙楼、橱窗、走廊，并适用于展示室内陈设或游览观景。

玻璃肋用硅酮胶连接，形成大片玻璃与支承框架均为玻璃的幕墙，这种大片玻璃支承在玻璃框架上的形式有后置式、骑缝式、平齐式和突出式。

①后置式：玻璃肋置于大片玻璃的后部，用密封胶与大片玻璃黏接成一个整体。

②骑缝式：玻璃肋位于大片玻璃后部的两块大片玻璃接缝处，用密封胶将三块玻璃连接在一起，并将两块大片玻璃之间的缝隙密封起来。

③平齐式：玻璃肋位于两块大片玻璃之间，玻璃翼的一边与大片玻璃表面平齐，玻璃翼侧面透光厚度不一样，会在视觉上产生色差。

④突出式：玻璃肋位于两块大片玻璃之间，两侧均突出大片玻璃表面，玻璃翼与大片玻璃间用密封胶黏接并密封。

（四）陶瓷连接

1. 机械连接与黏接

机械连接是一种通过合理的结构设计，利用机械应力实现金属与陶瓷或陶瓷与陶瓷连接的方法，如螺栓连接、热过盈连接，但是其连接处应力较大，不常用于高温场合，使用范围有限。

黏接是以胶黏剂（多为有机黏接剂）为连接介质，通过适宜的黏接工艺，将性质差异较大的两个或多个构件或材料，结合成为一个机械整体的连接方法。在全碳化硅望远镜的设计和制造过程中，曾使用环氧树脂黏接形成大面积镜片。机械连接和黏接的适用范围小，不适用于高温、高强度的场合。

2. 间接钎焊

陶瓷钎焊的难点之一在于钎料合金难以润湿陶瓷表面，最为直接的方法就是对待连接陶瓷进行表面改性，在陶瓷表面形成金属化层，从而将陶瓷与陶瓷和金属与陶瓷的连接均转化为金属与金属之间的连接，从而直接利用现有工艺进行连接。此法需要先在陶瓷表面形成金属化层，因此又被称为两步法或间接钎焊。

3. 活性钎焊

为了减少陶瓷金属化这一步骤，同时提高接头强度，研究人员开发出了活性钎焊技术。活性钎焊又称直接钎焊，与间接钎焊不同，直接钎焊不需要采用金属化这一中间步骤，而是利用含有 Ti、Zr、Hf、Cr、V 等活性元素金属钎料直接钎焊陶瓷。这些活性元素可以直接与陶瓷表面发生化学反应，熔化的钎料可以在反应产物表面润湿，形成冶金接合。由于钎料中的活性元素化学性质活泼，为避免在高温下与氧气发生化学反应，活性钎焊必须在真空中或者惰性气体保护下进行。

第四章　现代景观地形的建筑技术

地形是室外环境的基础，是连接景观中所有要素和空间的主线。本章分为地形的功能与类型、地形的设计与应用、建筑与地形景观的形象整合三部分，主要包括地形的功能、地形的类型、平地地形的设计与应用、坡地地形的设计与应用、山地地形的设计与应用、建筑形体与地形的融合、建筑材质与土地肌理的融合等内容。

第一节　地形的功能与类型

一、地形的功能

（一）分隔空间

地形可以以不同的方式创造和限制外部空间。当地形呈现限制外部空间状态时，至少有以下三个因素在影响游人的空间感。

1. 底面区域

底面区域指的是空间的底部或基础平面，它通常表示"可使用"范围。底面区域可以是明显平坦的地面，或是微微起伏并呈现为边坡的一个部分。

2. 坡面

坡面在外部空间中犹如一道墙体，担负着垂直平面的功能。斜坡的坡度与空间制约有着联系，斜坡越陡，空间的轮廓越显著。

3. 地平天际线

地平天际线代表地形可视高度与天空之间的边缘。它是斜坡的上层边缘或空间边缘，至于其大小则无关紧要。地平天际线和观察者的相对位置与距离以及观察者的高度，都可影响空间的视野、可观察到的空间界限。在这些界限内的可视区域，往往称为"视野圈"。在一定的区域范围内，地平天际线可被几千米远的大小山脊所制约。

景观设计师能运用底面积、坡度和天际线来限制各种空间形式，从小的私密空间到宏大的公共空间，或从流动的线形谷地空间到静止的盆地空间，都是以底面积、坡度、天际线的不同结合来塑造空间的不同特征。例如，采用坡度变化和地平轮廓线变化，而使底面范围保持不变的方式，便可构成几个具有天壤之别的空间。

（二）控制视线

利用填充垂直平面的方式，地形能在景观中将视线导向某一特定点，影响某一固定点的可视景物和可见范围，形成连续观赏或景观序列的视线。在这种地形中，视线两侧的较高地面犹如视野屏障，封锁了任何分散的视线，从而使视线集中到某种景物上。

（三）影响导游路线和速度

地形可被用在外部环境中，影响行人和车辆运行的方向、速度和节奏。一般说来，运行总是在阻力最小的道路上进行，从地形的角度来说，就是在相对平坦、无障碍物的地区进行。在平坦的土地上，人们的步伐稳健持续，无需花费太多力气。随着地面坡度的增加，或更多障碍的出现，运行也就越发困难。为了上下坡，人们必须使出更多的力气，于是时间被延长了，中途的停顿休息也就逐渐增多。当人们在步行时，在上下坡的时候，因为每走一步都必须格外小心，人们的平衡力在斜坡上逐渐受到干扰，最终导致人们需要尽可能地减少穿越斜坡的行动。如果可行的话，步行道的坡度不宜超过10°。如果需要在坡度更大的地面上下时，为了减小道路的陡峭度，道路应斜向于等高线，而非垂直于等高线。

在设计中，地形可以改变运动的频率。如果设计的某一部分，要求人们快速通过，那么，在此就应使用水平地形。如果设计的目的是要求人们缓慢地走过某一空间，那么，斜坡地面或一系列水平高度变化的地面，就应在此加以使用。当人们需要在这一空间进行停留时，就会又一次使用水平地形。

地形起伏的山坡和土丘，可被用作障碍物或阻挡层，以迫使行人在其四周行走以及穿越山谷状的空间。这种控制和制约的程度所限定的坡度大小，随实际情况由小到大有规则变化。在那些人流量较大的开阔空间，如商业街或大学校园内，就可以直接运用土堆和斜坡的功能。

（四）改善小气候

地形在景观中可改善小气候。从采光方面来说，如某一区域受到冬季阳光的直接照射，可使该区域温度升高，那么该区域就应使用朝南的坡向。一些地形，如凸面地形、脊地或土丘等，可用来阻挡刮向某一场所的冬季寒风；同理，地形也可被用来收集和引导夏季风。

二、地形的类型

（一）山地

阿尔弗雷德·魏格纳提出的"板块理论"，使人们对于地球上的山体形成了基本的认识。阿莱格尔认为："因为产生了致使地壳部分面积缩起的运动，地球表面的这种地带内便出现褶皱和断裂，地球表面的这种变形地带构成山脉。"概括而言，现阶段的山地定义基本属于地理特征的基本理论研究。

从名词解释中可以浅析出，山地应具有两个方面的地理学特征：一是有一定的绝对高度；二是有一定的相对高度。目前没有权威的标准对上述两种可量化指标进行统一。根据国内约定俗成的基础内容，绝对高度大于 500 米，同时相对高度为 200 米以上的地形被归为"山地"。

这些山地的定义均是地理学科的划分。从设计角度看，山地是一种特殊的建筑基址。在我国这种多山地国家，人们在意识和情感方面，对山是既敬畏又亲近的，既有着"崧高维岳，峻极于天"的意识，又有着"智者乐水，仁者乐山"的哲学思想。

对于每一个区位的具体山地地形来说，设计并不会计较是否超过了地理学中对于山地高差的数字定义。因此，从设计的角度出发，再结合地理学的各种山地定义，才是景观建筑中对山地的要求。

（二）坡地

坡地就是倾斜的地面。因地面倾斜的角度不同，坡地可分为以下两种类型：一种是缓坡，坡度在 8° ～ 12°，一般仍可作为活动场地；另一种是陡坡，坡度在 12° 以上，作为一般活动场地较为困难。在地形合适且有平地配合时，可利用地形的坡度作为观众的看台或植物的种植用地。

变化的地形可以从缓坡逐渐过渡到陡坡与山体连接，也可以在临水的一面以缓坡逐渐伸入水中。这些地形环境，除可以作为活动的场所外，还是人们欣赏景色、游览休息的好地方。在坡地中要获得平地，可以选择较平缓的坡地，修筑挡土墙,削高填低,或将缓坡地改造成有起伏变化的地形。挡土墙也可处理成自然式。

（三）平地

在平坦的地形中,必须有大于 5° 的排水坡度,以免积水,同时要尽量利用道路、明沟排除地面水。当坡度超过 40° 时,自然土坡常不易稳定。草坪的坡度最好不要超过 25° ,土坡的坡度最好不要超过 20° ,一般平地的坡度在 1° ～ 7° 。大片的平地可有高低起伏的缓坡,形成自然式的起伏柔和的地形。为避免坡度过陡、过长造成的水土冲刷,裸露的地面应铺种花草或其他地被植物。

平地便于进行群体性的文体活动,也便于人流集散,同时形成了开阔的景观视野,故在现代公园中都设有一定比例的平地。

第二节　地形的设计与应用

一、平地地形的设计与应用

（一）平地地形的景观设计

1.整合资源,进行统筹布局

平原地形景观设计在空间布局方面的规划至关重要,目前常常会出现地形原有肌理遭到破坏、空间碎片化、功能区排布不够合理、整体布局略显杂乱等问题。针对以上问题,本书提出以下策略。

第一,平地景观布局需要合理整合各资源要素,使各景观元素在空间上能有序发展和相互协调,保持发展的有效性、秩序性、科学性。对于自然分布的平原乡村聚落,在能够协调保护和发展聚落及周边要素的前提下,应尽量保留传统的景观格局,延续原有的村落肌理,因为这是长期以来人与自然相互作用而形成的格局,与周围的农田、道路、生态资源等有一定的耦合性。道路、街巷和院落的尺度可以结合村民需求做适度的调整,各要素设施应分步推进,避免大刀阔斧地改变其聚落形态,使之成为如城市居住区般的规整式块状,以保持乡村自然、生态的特点,同时应尊重农民的个人意愿,合理规划和完善配套,控制聚落边界无序发展,达到改善村容村貌、提高村民生活水平的目的。

第二,平地的景观布局要充分考虑各个功能空间的合理分布,既要做到功能合理分区,又要保证各个功能区间的联系性与可达性。例如,交通运输干道应尽量避免过于接近居住功能空间，以保持居住环境的相对安静；生产功能空间可以紧挨着交通干道，以实现生产运输的便捷性；游憩功能空间的分布应注重考虑服务半径的控制，以满足村民日常便捷性的休闲娱乐。可以说，功能空间的划分，虽各自的功能区分不同，实际上又处于同一张密网，相互联系、相互制约。因此，科学合理的乡村景观空间分布，对于乡村的生态环境、居民的生活水平、产业的生产水平都起到至关重要的作用。

第三，在平地景观布局中，可采用轴线控制布局的方法。可将景观轴线分为主轴线和次轴线：主轴线负责将场地内重要的景观要素或节点串联起来，例如，主要交通运输公路、河流；次轴线可以是一条或多条，负责将各个独立的景观要素或某种附属关系串联起来。主轴线和次轴线都有视线引导的功能，合理的主次轴线搭配能使整体规划布局更具有整体性和协调性。轴线可以强调景观效果、空间体验和视线引导，传达出节奏感、韵律感和秩序感，沿着轴线行走游览会产生步移景异的效果。但在设计轴线的形态特征时也要考虑村内地块功能的划分，形式始终要追随功能，将功能需求放在首要位置。

2.转型产业，提升整体观感

通过平原乡村农业景观调研可知，农业景观存在单一化，具体包括作物种类单一化、季相景观单一化、生产技术单一化及观赏游览单一化。传统的农耕方式，导致农业景观不能形成规模化和规整化。此外，游客对于目前乡村农业景观的联系也大多存在于观赏维度，科普、体验式的农业景观仍不够普遍。总而言之，农业景观的远期规划目标尚不够清晰明确。针对农业景观较单一的问题，本书提出以下提升策略。

（1）增加作物种类和丰富种植方式、生产技术

在现有的农业资源基础上，应增加新型作物种类种植。可以在生产园林绿化树种为主的苗圃地内增加石榴、梨、梅、桃等观花观果类树种，这类树种不仅具有生产经济价值，而且能增添乡村瓜果飘香的景观观赏性。也可以在农田内增加新型水稻品种，并对农田采取轮作、间作、混作的生产模式。例如，在冬季水田排水后，种植应季的瓜果蔬菜，丰富农产品多样性。此外，应充分利用土地循环种养，调节土壤肥力，将用地与养地相结合，扩大经济效益。

生产性始终是农业景观最重要的属性，在生产方面必须重视科学技术的运用。科学技术分为有形的生产承载物和无形的生产技艺。在生产方面需增加资金成本的投入以升级产业技术，提高生产效率。有形的生产承载物有智能温室大棚、无

土栽培箱、立式栽培柱等农业设施，无形的新型农业技术有改良后的手工技艺、高效的生产操作等。现代科学技术的运用能极大地提高生产效率，使农业生产从粗放型向集约型转变，形成集聚工业美、架构美等科技美学特征的现代农业景观，提升游客吸引力。

（2）提高农业景观观赏性

农业景观是自然景观与人工景观的结晶，既具有自然美学属性，又带有人工特征。在种植方面，可将农业景观分区，因为不同种类作物可营造出不同景观效果。例如，花作物类景观可形成规整式或散点式布局，使色彩和形式鲜明统一；茶作物类可形成带状排阵式布局，使景观富有秩序感和层次感；蔬果水稻作物类可形成规整式网格状布局，使视野开阔且和谐。同时，可综合生产场地的特色性和生产作物的特色性，在农业景观中融入文学、历史、音乐、雕塑等艺术元素。例如，在诗句中提取农业生产的典型意象，辅以雕塑、绘画、音乐、生产工具等载体表达，充分调动人的视觉、听觉、嗅觉、味觉和触觉，让人产生联想，使生态美和意境美达到统一。

（3）产业融合，发展业态

第一产业已逐渐向第二、第三产业渗透并与之结合，原先的单一农业结构已无法满足当今市场的需求和发展。农产品的生产可带动产品加工产业，形成完整的产业链，提升产品市场优势。

农业生产需寻求新的方向，打造农旅品牌，充分利用现有的农业资源，开发农业观光区和体验区，形成系统的农业旅游产业链，这是现代农业发展的必然趋势。此外，乡村农业还可以在"农业＋互联网""农业＋文学""农业＋影视"等方面的业态上做出创新，对农业的可持续发展和农业文化的传承保护都有极大的促进意义。

3. 统筹风貌，推动自我更新

（1）统一建筑风貌

应对建筑的高度、风格、色彩进行管控和统一协调。原则上建议新建建筑不得超过3层，主路建筑高度与道路宽度的比值以约1：1为容，次路建筑高度与道路宽度的比值以约2：1为容，巷道建筑高度与巷道宽度的比值以约2：1为容。若道路宽度受限，可以采用降低围墙的方法，减少空间拥挤感。

关于统一建筑风貌的问题，可以采用"蚕食"的改造方式——先经过小范围的试点，再逐渐扩大展开渐进式更新，从而有序地推进整体建筑风貌的更新。

（2）推动建筑更新

应对村落内现有建筑的类型和保存情况进行摸底并分类评估。可将其分成破旧遗弃类的建筑、保留完好的老建筑和新建的现代建筑三种类型。对于有文化价值的破败老建筑，可在原址上进行修缮，并沿用原先材料，融入现代工艺，修旧如旧，还原历史建筑风貌；对保留完好的老建筑，可在内部空间重新进行人性化划分，满足村民当代生活需求；新建的现代建筑需增加地域元素，使其能融入建筑群落的整体环境。此举有利于推动建筑有指导性地进行可持续更新，注入新的活力。

（3）添加地域元素

在平地景观设计中，可以从村落内现存的传统建筑或乡村常用器具中进行地域元素提取，并将其运用于建筑外立面、屋顶、门窗等结构上。

可保留石材、木材这类天然建材，充分利用常见废弃材料如旧砖旧瓦等，并在工艺做法上加以改造创新，满足当代生活需求。可从乡土建筑中提取地域元素运用在当代建筑中，例如，在现代风格的混凝土结构新建建筑中采用增加马头墙、披檐、木质窗棂等构件的方式减弱现代感，融入乡土记忆，增强地域特征。可对外立面做抹水泥砂浆的建筑在其抹灰层增添石材饰面，展现夯土构造等自然基底特色。同时，可在建筑外立面、围墙等平面上做特色墙绘或利用常见农具进行二次创作，增加村内的乡土生活气息。对需要修缮的老旧建筑可保留外立面石材饰面、青瓦屋顶及其他传统构件。

（二）平地景观保护

1.自然景观保护

在村落建设发展的过程中，自然山水基底是村落赖以生存的基础，是平原景观的骨架，因此自然山水环境是重要保护对象。在利用和改造自然的同时保证自然山水格局完整，是实现环境可持续发展的前提。

要妥善处理人地关系。应将人与自然的和谐相处放置于自然基地保护的大前提之下，保持敬畏的自然心理，放弃粗放的建设方式，遵循自然山水景观的演进和更新的规律。在山水景观、聚落景观与农业景观之间，要建立景观缓冲区，例如，人工改造的林地、草地、湿地，有利于保护现有自然资源，实现水质净化、水土涵养、植被恢复。村落应注重对于河流水域的保护，强调村落原有的山水林田格局，适当扩大水面，修建河渠山塘，将建设用地还田还湖。也可采取人为干预手段，例如，修建湿地、滨水绿地等方式。

要特别注意林地的保护。平原植被覆盖率高，林地是平地的基础背景色，同时也是涵养水源、保护环境安全功能的重要保障。但是，在平地村落聚落扩张过程中，林地处于较为弱势地位，建设过程中存在的开山取石现象、林转耕现象，使林地退化加剧。因此，在林地资源保护方面要协调好林地生态资源开发与农田经营等经济行动之间的关系，设置林地防护带，建立林地斑块之间的廊道，加强林地资源的生态保护。

2. 农田景观保护

农田是农业景观展现的主体，农田景观的保护主要是为了维护农田基础的田面、田埂和田路等要素的原生态形态和布局。为保护农田景观原真性，最关键的是要让农田中的农业生产活动持续进行，深耕固土，有效利用农田资源。可以继承发展传统农业技术和制度，避免农田被侵占，维护农田生态系统以及稳定景观性。在具体措施方面，在保障基础农田不被侵占的情况下，将耕地列入管理保护对象。对于已确保农田范围的地区，可以转变发展思路，发展观光农业。例如，种植油菜花、薰衣草、向日葵等经济类花卉，能在帮助平地景观吸引游客的同时，依靠农作物的附加价值为农民增收；对于一些产能效率低下，费时费力的传统种植耕地，可以合理改变农作物的种植结构，科学选择适地适时的作物品种，在发挥效益的同时增加农作物产能，进一步提升和保护农田资源。

水利系统包含了农田周边的排水、灌溉设施，涉及聚落内部的沟渠、闸门、桥梁、堤坝和水塘等。水利系统通常以多种要素形态共同形成系统，需要制定综合保护举措，以保护整个水利系统的形态、结构、布局以及功能正常发挥，具体来说，需要持续有效地挖沟、疏浚、清沙、加固堤岸，过多人工干预会破坏原本生态，因此利用生态措施增加动植物生境，以此消弭人为干扰的消极影响。同时，在可持续发展概念的影响下，可以更多采用生态修复措施，建立生态缓冲区。

3. 聚落景观保护

（1）延续传统聚落格局

聚落景观的保护涉及延续街巷和公共空间的铺装、尺度和形态，以及房屋建筑的结构、庭院布局和铺装；需要控制聚落规模，限制无序扩张，做好近远期村落规划，保留一定建设用地用于更新公共空间建设。

村落内部聚落景观的要素、形态和格局都有其基本的生成原因，对于保护村落景观特征来说需要尊重村落原本的聚落格局。如果村落保留下来的公共建筑、桥梁等传统建筑功能已趋于瓦解，缺乏保护修缮，传统村落格局濒临破坏，可将这些传统建筑用于改造公共活动空间，作为村落公共交流中心。

建筑作为村落基础的构成单元，是保护村落聚落的关键一环。建筑装饰风貌应多使用乡土材料，建筑的风格和形态应保持与原有建筑的一致性，延续装饰风格，选取合适的屋顶与墙面铺装、院落结构、道路铺装形式进行保留和提升。在建筑尺度方面，应控制新建建筑的高度、面宽，与已建建筑保持统一。街巷的尺度、铺装应当与建筑外墙高度相匹配，塑造街巷与建筑适宜的尺度。道路方面应注重材质铺装、线性形态方面的保护。在乡村现代化交通出行方面，新建与拓宽道路应在满足机动车出入的基础上，适应村落原本道路形态，避免破坏原本聚落格局。此外，在村落加快完善基础设施建设时，需要对供水、供电、排水、电信等管线工程做好合理的统筹布局，新增的管线设施不应破坏聚落景观的完整性与连续性。

（2）发扬特色景观文脉

在平地景观建设的进程中，村落处于相对弱势地位。景观文脉是平地村落景观特征的灵魂所在，要延续景观特征的地域优势，保持景观特征的完整性，需要对特色景观文脉进行保护，以寻求传统文脉的延续，让其保有生命力。

村落孕育了种类丰富的景观文脉。保护景观文脉，应该对特色的文化景观合理规划，在科学调研的基础上，确立景观文脉的保护等级。可以借鉴优秀村落景观文脉保护案例，保护文脉周边自然环境，延续聚落格局，出台具体的文脉保护和开发措施；对于有突出保护价值的历史文化建筑，做好保护等级登记，详细记录建筑的外观、材料、结构、装饰特征，制定保护与修缮条例，将其周边一定范围划出区域，控制周边新老建筑的建筑高度、建筑结构与风貌特色，保持周边建筑景观的一致性。针对一些极具历史文化价值的寺庙、祠堂建筑，需要搜集建筑的文史图像信息，制订保护规划；对于地方传统风貌突出的宅院，在不改变使用功能的原则下，提升建筑的基础设施，保持其原本装饰结构；将重要景观文脉都归档，建立线上公众交流平台，传播其价值意义，引导大众参与景观文脉的保护。

二、坡地地形的设计与应用

（一）脉络激活，定位格局

1. 以空间定位为导向整体梳理与规划

坡地型乡村需要立足自身优势，统一规划，专业且科学地制订公共空间系统性微更新方案。基于全域范围内的公共空间系统性梳理，依据乡情找准与当地发展相匹配的空间定位是不可缺少的关键性步骤。

目前，坡地型乡村多属于行政合并类型，集中型、带状型和离散型是自然村常见的基本形态，其所对应的公共空间也具有向心性、串珠式、散点式分布特征，因此在全域范围内对坡地型乡村公共空间进行规划，需要以尊重村民自组织影响下的公共空间结构为前提，根据每个自然村的空间特性有针对性地配备不同类型的公共空间服务系统。例如，集中型乡村为满足不同年龄层人群的交往活动需要应进一步完善公共空间配套设施，既考虑空间的多样性又要保证可达性；带状型乡村要顾及公共空间的辐射范围；离散型乡村因空间分散需要强化空间的复合性与数量性。同时基于乡村公共空间更新的轻重缓急程度将各个自然村划分成不同的等级，强调对核心区域的重点打造，进而形成点连线、线带面的网络式公共空间微循环系统，以避免部分区域出现公共空间数量零星、设施缺乏的情况。

2. 以生态文化为脉络动态保护与修复

生态空间作为坡地型乡村村民生活、生产的主要场所，与乡村的生存、发展有着密切关联，因此以生态文化为脉络在全域范围内进行动态式保护与修复是公共空间微更新的重要举措。坡地型乡村文化作为一种隐性符号多以物质环境为载体流传下来，因此针对全域内文化脉络的保护着重在局域和微域层面中呈现。

山、水、田、林作为自然生态的构成元素长期遭受着人工破坏，首先要对坡地村民加强生态文明的宣传与教育，灌输生态可持续发展意识，使其成为保护绿色生态的践行者，为创造整洁有序的乡居环境、绿色生态的宜业空间、地域特征明显的宜游场所献出一份力。其次要加强对山林、水系、农田的修复：①采取自然生长、人工干预相结合措施，对已被破坏的山体科学且合理地进行整治。针对裸露山体，可根据当地土质及气候栽种适宜的果树或乔木，使其在推动生态绿色发展、避免泥石流等灾害发生的同时增加产业效能。②清理、疏通乡村内部水网体系。坡地型乡村水系一般包括河流、水库，除为村民日常生活提供便利外，还具有灌溉农作物、排洪与蓄水的作用，因而一方面要利用水生植物降解水系污染，不定期清理水系污染物，另一方面要疏通全域内已断流的河道，保证内外部水体间的流通与循环。③坚守农田红线。根据农田性质可划分为基本农田和一般农田。基本农田受到政府严格保护，禁止任何行为的侵占；一般农田则相对宽松，可根据乡村发展需求增设公共服务设施，或开发各类农业游线路，提升土地附加值。

（二）腠理疏通，优化空间

局域范围内微更新主要体现在对坡地型乡村交通类公共空间的梳理与整治，其作为乡村空间骨骼结构，除承担村民日常交往、集散通行的功能外，也是其他不同类型公共空间良好发展的基础。局域内腠理疏通、优化空间主要基于乡村原空间格局，重点疏通整合度较弱的路网单元，从中观视角整体提升局域范围内交通微循环，并整治公共空间底界面和侧界面环境，统一协调乡村风貌。

1. 以织补肌理为主体完善路网系统

坡地型乡村有别于平原乡村的肌理织补，不能仅针对路网结构进行梳理与优化，需要着重考虑坡地复杂地形与路网之间的关系，一般以坡地地形为出发点，遵循生态优先原则，尽量平行或小角度斜交于等高线，以减少建设成本和环境破坏。集中型、带状型和离散型三种不同形态的乡村受地形和坡度的影响衍生出与其相契合的路网形式，如网格、鱼骨、之字等类型，这些路网多数是为适应当时环境而形成的产物，而目前私家车日趋普遍，现阶段道路已基本无法满足村民需求，甚至制约了乡村整体发展。无论哪种类型的路网空间都面临主道路即车型路线不闭环、临时建筑侵占等现象，最终导致交通可达性和连通效率较低，部分整合度、选择度和连接度普遍较弱的区域多以尽端式道路呈现。针对以上突出现象，需要从局域范围逐层梳理路网系统，通过优化道路结构、拆除违章及坍塌建筑来有效串联和织补乡村肌理。

（1）梳理内外路网，优化层级结构

梳理内外路网需要明确乡村交通性（一级道路）、混合性（二级道路）和生活性（三级道路）交通空间，不同层级所承担的交通功能略有差异，因而可以在延续坡地型乡村空间肌理与路网层级划分的基础上，根据量化分析以及交通层级所体现的从公共性到半公共性过渡特征，筛选出目前存在问题的道路空间，并基于现阶段乡村需求将其合理更新成相应的层级结构。若是旅游型乡村，则需要充分考虑游客与村民这两类群体，为避免过度干扰当地村民的生活，可借助路标或界面材质的变化区分游客、私人以及公共流线，切勿将其过度重叠。

（2）增补互通路径，提升空间联系

为加强乡村内外部区域的可达性与互通性，可以在保留现有道路肌理上，通过增加乡村区域内闭环路线、拓宽道路尺度、串联邻里单元的形式，整合、优化乡村一、二级道路，整体提升乡村内部各空间的连通性。部分远离主道路的内生性建筑空间往往出现断头道路现象，导致乡村整合度与连接值普遍较低。针对此

情形，可根据地形条件合理增设路网密度，即与其他道路相连来加强内向性道路的可达性与通畅度，局部坡度地形空间则通过设计台阶、坡道的处理形式构建交通微循环。这类生活性宅间道路不同于大尺度的车行道路具有较强的延伸性与公共性，但也需要保证村民在此空间可以短暂地停留与交往。

（3）增加静态交通，完善交通体系

随着村民经济收入的提高，私家车、运输车日益普及，乡村对静态停车空间的需求增加，同时因乡村路网系统更新缓慢，促使车辆不得不挤占主干道路，而坡地型乡村内部是存在大量存量资源的，可以为建设静态停车空间提供主要的场地。停车场的选址以整合度为参考指标，根据路网层级结构和建筑分布情况，选择能辐射该区域内村民便捷停车的位置。停车场作为坡地型乡村的人工建设环境，为减少对自然生态的破坏，应秉承低成本、易操作的微更新特点，结合地形采用透水性或植草性的铺装，或用鹅卵石、碎石铺装生态停车场来实现雨水的渗透与径流以缓解对地面的硬化，同时利用地形坡度或周边乔木、灌木等绿化对停车场进行遮阴，以减少太阳直射造成空间产生热岛效应。

2. 以整治界面为基础协调乡村风貌

底界面和侧界面是乡村界面的外在体现，底界面主要以地面铺装、空间尺度的形式呈现，侧界面则以建筑立面、绿地这类竖向空间为典型代表。这两部分与村民生活密不可分，因而通过微治理乡村界面，既能改善乡村整体风貌，又能于细微处营造出良好的连续性和导向性。底界面承担乡村交通出行和村民社交两种功能，其使用性质的不同造成空间尺度和铺装材料具有差异；其形态主要受地形及建筑转折的影响，而具有此起彼伏、蜿蜒曲直、层叠交错、时宽时窄的动感流线，以生活性道路表现尤为突出。对路网的织补与底界面的微整治，需要充分利用地形特征做出适应性设计，以延续坡地型乡村灵活多变的底界面形态特征。

（1）营造适宜的底界面尺度

结合日本芦原义信所提出的空间尺度感受研究，乡村路网等级宜与底界面尺度成正比，如车行主干道空间比例（D/H）一般大于2，方便各类车型都能有序通行；而生活性街道则在 0.5 与 1 之间，这种小尺度空间既带给人舒适、亲切的感受，又能促进邻里交往。因而在底界面尺度微更新中，要根据空间功能和侧界面建筑高度合理控制底界面尺度，尺度过大或过小会使空间中的人产生疏远或压抑的感受。对于江南乡村来说，小尺度空间在乡村中较为流行，因而在规划时要避免大尺度空间对乡村肌理的分割，在空间尺度受限的条件下可通过对侧界面的营造减少空间给人的压迫感。

（2）铺设适宜的底界面材质

不同等级的底界面应铺设相应的界面材质。以交通性能为主的底界面需按照乡村公路水泥混凝土路面规范进行设计，根据气候、地形、经济等条件选择与当地相适应的结构组合与材料，以提高路面的实用性与耐久性。由建筑单元间隙而产生的生活性空间一般尺度较小，底界面可由不同种类的石材，如卵石、石板、碎石、瓦片等通过交叉、阵列、无规则等组合形成——这种具有乡土气息的铺装处理手法，不仅能合理过渡两个空间，而且使该区域具有引导性与可识别性，周边绿植的搭配则起到柔化边界的作用。

（3）整治无序的侧界面风貌

墙、门、窗、绿植是乡村侧界面的组成部分。对于坡地型乡村侧界面风貌的整治应以低成本的改造方式为主，这样可以在延续原乡村风貌的同时，通过优化无序的局部空间来保证侧界面的美观与整洁。①在与乡村风貌极不协调的情况下，针对结构破损极为严重的建筑或墙面予以拆除或重建；②针对部分破损或残缺的立面提供相应的修补，以恢复原有的界面样貌；③针对局部建筑色彩或材料个性化突出而影响乡村整体村容村貌的侧界面，根据综合评估考虑是否进行微改造，强调以当地整体色调相协调为前提，对乡村新建民居外立面做到严格把控；④针对由石、土构成的台地或护坡，可通过绿化植物之间的高低错落构建层次多样化的垂直空间，以消除石块给人强烈的生硬感。

（三）腧穴活化，催化活力

1. 以存量重组为优势拓扑空间功能

存量资源作为坡地型乡村可持续发展空间，是拓扑不同类型空间的物质载体。而通过微叠加、微置换的方式对已有空间进行功能调节是空间激活最直接有效的做法。

造成坡地型乡村内部存在众多的存量资源有以下几方面的原因：①一些历史文化价值较高且在村民心中具有乡村集体记忆的老建筑，由于缺乏规范性的保护与修缮处于闲置状态；②呈无序分布的低效能闲置空间，因杂草丛生、堆放生活垃圾成为荒地；③村民在乡村外延空间新建大量民居，这种内空外延的现状使乡村内部堆积众多老旧建筑。为让这些闲置资源重焕升级、价值得以延续，可以基于对坡地型乡村公共空间的量化梳理，将可达性与集聚性列为衡量是否活化的标准，来对空间予以优化：对于满足质量评估与结构承载力的原建筑，因特殊原因而闲置的资源优先进行考虑，可以通过采用修旧如旧、新老共生这类微叠加的方式创造新价值空间，降低一定的建设成本；部分闲置绿地可通过转换成生态停车场、公园或种植食用型植物等提高土地的利用价值。

乡村内部除以上闲置资源外，已有基础设施的公共空间也急需微更新，而城市化健身器材及老年活动中心成为坡地型乡村公共空间不可缺少的标配。老年活动中心作为整个乡村生活性空间活动频率较高的场所之一，其基础设施相较于城市而言存在功能单一、缺乏维护、物质空间环境严重不佳等问题。针对这类已有基础设施但难以满足村民物质生活需求的空间，需要在保留原有必要功能的基础上对其进行拓扑性微置换。可根据当下乡村内部人群生活习惯及行为方式对既有基础设施及资源点对点重新整合与升级，通过置入目前乡村所稀缺的服务、生活型功能并与当地教育、休闲、养老需求融合来实现。

2. 以节点整合为纽带实现空间联动

坡地型乡村公共空间存在整体呈无序发展，局部处于数量失衡、功能单一的现状。以节点整合为纽带实现空间联动，主要指根据乡村内外部条件，确立不同功能公共空间的层级关系，促进大、小节点之间相联系，筛选具有发展潜力与影响力的既存公共空间为微更新核心对象，通过重组存量资源构架及完善乡村公共空间体系。

信仰类、生活类、服务类公共空间是除交通类和生产类空间之外不可缺少的必要性场所。对具有标志性节点的功能空间可通过商业、文化等因素的介入形成复合型公共空间，进而形成催发内部活力的触媒节点。对既存的小型节点则统一梳理与整治，或利用存量空间根据村民需求重新改造，最后以线性或点式的模式与标志性节点共同形成一种空间序列。

三、山地地形的设计与应用

（一）山地景观的构成

山岭、高原、丘陵是大众所熟知的山地地形。不论是其中哪一种类型，都与平原地形有着较大的差异。

山地景观的构成除人们肉眼能看见的物质构成外，还应该包括其中的精神构成。物质构成包括的要素主要有空间范围内的水、土、石、花、木、草、构筑物、建筑物等，这类要素可以由人们的视觉直观感受；精神构成是指人们处于某一个特定的山地景观环境之中，可以感受其中的文化、风土人情、民宿特性等，这类要素虽然表面上看与山地景观并无联系，但作为山地景观设计的重要组成部分，也是山地环境的重要表现形式之一。既不属于看不见的精神构成，也不属于视觉直观感受的第三类要素，即生态系统要素。生态系统要素作为一种特殊的无法看见的"实体要素"贯穿于山地景观其中。

山地景观中的物质构成可以根据形成方式来定义，即自然景观和人造景观，这两种景观都是组成山地景观物质构成的主要因素。

1. 山地自然景观

每一处山地本身就是一个局部的生态自然环境，一个存在变量的生态系统。在这个系统中，自然景观环境所包含的各类因素相互协调发展，最终形成一个完整的自然景观环境闭环。在山地景观营造过程中，要正确利用环境内各种生态因子的制约性和平衡性，维持山地自然景观环境的生态平衡。

（1）地质环境分析

科学研究发现，由于地壳板块运动产生的挤压力从而形成山地，根据碰撞板块的动能扩散和日积月累的地质变迁形成规模大小不同的山地、丘陵。此类"造山运动"会因为风化、土壤流失、水流侵蚀等后续地质活动造成其原有结构平衡被破坏，从而影响地质环境的稳定性。

山地地形复杂且多变。《风景园林设计要素》中将地形根据形态分为五类，包括平坦地形、凸地形、山脊、凹地形、谷地。每个区域都有地域差异，不同山区的山地条件会因为地形的原因对日照、风向、湿度等因素产生截然不同的表现。

总的来说，山地地质环境相对平原地带更为脆弱。在评估某处山地地质环境时需要妥善处理，不能因为破坏其自身生态平衡引发不必要的地质灾害，例如，地形坡度被破坏后可能带来山体滑坡，或是植被遭到破坏后可能诱发泥石流。

（2）自然水系分析

自然环境中的水系包括江河湖海、地表雨水径流、冰川和湿地等。在山地自然景观环境中，基本涵盖了除"冰川"和"海"以外的水系。一般情况下，根据地域的不同，山地自然环境中的水系流量大小有着巨大差异。以我国地形为例，山地与平原的过渡地区是广义上的丘陵地带，雨水充足，并且因为丘陵本身的地势原因，形成较多地表径流，最终组织成了庞大的水网系统。而在北方的崇山峻岭之中，因其自然条件限制，降水量相对于南方丘陵地区来说要少，且地势不如丘陵地形般起伏跌宕，因此最终形成了主要地表径流与主要山势相互依存的水系环境。

山地地形在空间上对水系有着决定性的作用。虽然在历史长河中，水的作用力对地形地貌的改变毋庸置疑，但是在人类活动视角的时间段内，水流的分布还是依赖于地形整体的走向。

山地景观中的水系，可以借用绘画三要素的名称来定义其中的形态，将其分为点、线、面三种形态。这三种水体形态通过汇聚组合，最终在山势间创造出稳定的自然形态。首先是点状形态的水系。山中的泉眼、先天形成的自然水井、山石中渗水形成的池塘等小范围水体，是整个自然水系的起点。点状水系的流量溢出后，依据各类山地地形的走势，以及水流积年累月的冲刷，最终形成地表径流，连同降水在内的水源，均通过地表径流交织，既成为山地地形的天然划分线路，又是整个空间的视觉引导方向。最后，在水网交织的末端，"面"的出现是对自然水系环境的最终限定，一般会在山地地形的洼地形成湖面，且根据地区降水差异性不同，水面大小千差万别。水在美化山地环境的同时，也是调节自然景观可持续循环的重要组成部分。

（3）自然植物分析

自然环境中最能体现生命力的就是动植物。作为山地景观中最重要的自然景观环境要素，植物将山地的空间串联起来，成为最为天然的构筑物。没有植物的山总是缺少一定的生命力。树干的高低形成了天然的高差层次，树冠的组团形成了天然的疏密层次，灌木的分布缓解了地形的"不修边幅"，各类植物的色彩提升了山地的空间品质。山地景观中的自然植物是自然界经过岁月的选择确定的内容，自然植物的构成具有其独特的地域特征和季相特征。

植物的生命周期与地域性和季相性有关，有着突出的空间差异。自然条件下的生态因子致使植物产生多姿多彩的形态，各式各样的差异化植物形态反作用于地域环境，形成各不相同的自然景观。在山地自然环境中，北方的本土树种包括针叶树、阔叶树等，将北方山地塑造出雄伟挺拔的视觉感受，而由南北差异导致的常绿化山地景观和落叶山地景观则是对季相特征的补充。

2. 山地人工景观

就目前人类发展进程以及对地球资源探索的情况下，世界范围内绝大多数的自然地域均存在或曾经存在人类活动的干预，这也是目前山地人工景观的实际现状。一方面，山地人工景观既是自然景观的对立面，又是自然景观的协同面。它主要是出于人类活动的需求，在自然景观的基础上对其进行了改造、点缀、融合或者规整。这类山地人工景观在中国古典园林里较多。另一方面，完全由人类活动自由意志影响下的山地人工景观，也可以完全是改变自然环境形态的景观。这类山地人工景观的具体表现形式有建筑景观、艺术品景观、功能性小品景观等。

按照空间关系，山地人工景观可以进行如下划分。

（1）融入型

在人类文明的早期阶段，生产力有限，工程技术条件有限，人类对景观设计的认知并没有系统性的感受，对于自然的改造也基本停留在完全服从的状态，如"天险"就是人类无法逾越的障碍，而为了满足当时的社会发展需要，人类只能在既有条件下开展功能性构筑物的营造。在这一基础情况下，人类所营造之内容在空间方面、材料方面、实施难易度方面都必须强调与山体原有自然景观环境相融合，可以说是有些无奈的做法。

近代以来，工业革命以后人类活动对自然环境资源的破坏加剧，生产力、工程技术、功能追求各个方面都不满足于"融入型"景观类型，征服自然成为主题，因而对环境造成了极大的破坏。

当更多的人对于环境问题越来越重视的时候，"融入型"人工景观又渐渐出现，并逐渐被大众所接受。例如石门栈道，它是为交通便利性修建的，是在无法开山炸石的历史条件下，利用最小改变自然环境的方法营造的人工景观。

（2）耦合型

在人们积极地利用山地自然空间的过程中，常出现人工空间形态和性质同山地自然空间相吻合的现象，也就是说，常出现人工景观同自然景观之间具有耦合关系。其耦合性表现在两个方面——空间属性的耦合和空间形态的耦合，二者没有明确的界限，因为空间形态影响空间属性。空间属性的耦合是指使人工景观的空间性质同山地环境相契合。例如，处于山顶空间，在这一种空间中所表现的内容是放射外向型的，同时可以影响四周环境，对一定范围内产生聚合力，而位于山顶的建筑或景观小品空间，同样也具有外向性和发散性的特色，表现出空间属性的耦合特征。一些宗教建筑基本营建于山体的顶部或中部空间，空间上就可以定义为外向性和发散性。空间形态的耦合简单来看就是地形地貌在三维空间中的同质化内容，例如，德国多尔梅廷根化石体验园 / 棕地遗址，并未改变基址内矿产开采时遗留下来的人工地形，而是运用设计规划的方法，在依托现有地形地貌的条件下进行改造，最终对游客展示了一座具有浓郁历史背景的公园。而这样的设计也为该地区增添了地域魅力。

（3）秩序型

秩序型山地景观通过对自然山地景观的改造，已完全呈现人工景观的秩序化特点。西方古典园林秉承这一理念，没有体现中国古典园林"写意"的概念，而是最大化彰显人工气息，将所有自然要素梳理、重组：对于山体，在技术条件有限的背景下，还是基本依据山势走向，选取中轴线，自上而下开辟台地，其中配合的小品景观、植物景观均被加工为对称或者几何形态，充斥着浓郁的人工气息，彰显着人类的秩序和规整；对于平原地区，秩序型的人工景观更是有着充足的发挥空间，以大片河流、湖泊为基础，将园林景观设计成中轴对称的规则式布局。其中代表性的景观建筑当属文艺复兴时期意大利的兰特庄园——意大利半岛三面滨海且多山地，为秩序型台地景观奠定了基础。

（4）意境型

意境型早期完全属于中国特有，中国古典园林就是意境型人工景观的唯一发展脉络和载体。

作为中式文化和儒家思想的特殊载体，园林可以明确反映出历朝历代各不相同的科学技术、人文风俗、社会秩序、经济发展和造园技术水平等内容，同时也能映射出儒家思想等中国哲学内容。中国古典园林原作为权贵阶层身份地位的象征性场所，本身就是权贵获得高阶精神乐趣和提升自身审美的地方，受中国古代儒家思想的影响，其审美自然而然是趋近自然、模仿自然，最终融入自然的，从而创造出一种符合中国人独有的理想美学境界。

园林，自始至终相对于自然都是一个极其微小的空间，意境型人工景观最大的突破就是对小空间边界的打破，以引导观者进入一个无限大的精神类空间。其中所涉及的亭台楼阁、花草树木、山石流水等单点要素的审美重点价值并不在于其要素本身，而是可以引申出无限的思维联想，从而使观者对这一空间类型获得美学享受。《园冶》所述的"虽由人作，宛自天开"之意境，就是中国古典园林的精神内核。

在意境型景观类型中，"意向"是"意境"的载体。一个优秀的意境型园林景观构成必然是自然与人文景观融合的体现。刘勰在《文心雕龙》中提到"登山则情满于山，观海则意溢于海"，我们可以体会到，从大自然的生机天趣中获得高雅的美的享受，具有很突出的情感性内涵。例如，皇家园林的代表承德避暑山庄依山而建、隐于山中。

（5）繁杂丰富型

繁杂丰富型山地人工景观就是人为修饰大部分可见的实体要素，通过改造或引入将山地区域内的自然景观要素统一转化为人工景观要素。例如，空间闭合、空间序列等，以此为改造内容，丰富空间放线，最终实现空间重组的目标。如五泉山所示空间，利用亭廊将坡地空间隔而不断，既可达到虚实对比、丰富景观空间的目的，又可以满足不同活动的功能需求。

（二）山地景观设计原则

1. 生态保护原则

山地地形受人类干扰较小，植物、动物、微生物资源较为丰富。生物多样性是人类赖以生存的条件，是可持续发展的基础。同时，生物多样性还在保持土壤肥力以及调节气候等方面有着重要作用。人们应遵循保护生态的理念，对山地景观进行保护性开发，保证山体的植物覆盖率，不破坏动植物的天然生境。在此过程中，保护山地生物多样性是一条基本原则。

在山地景观设计过程中，理应充分发挥当地生态环境特色，以当地生态环境和自然资源为根基，考虑当地实际情况，因地制宜。与此同时，还应加强对区域内原始生态自然资源的保护，将绿色空间与生态系统对景观环境改善作用发挥至极致，打造一个适宜人类活动的宜居环境，搭建出一个良性循环、相互依存的生态系统，并努力构建物种多样化。物种多样化可以形成一个相对稳定的组团，在组团中，植物和繁殖的动物可以呈现一种相互依存的互补关系。物种的均衡且可持续的多样性是反映景观设计生态性水平的重要指标。

硬景的出现不能喧宾夺主。绿量在山地景观设计中是最为重要的指标，也是生态性的基本保障。应根据植物类别以及其所在的生态序位、生态空间来合理配搭，形成层次多样鲜明、搭配合理有序、物种优势互补的综合性生态关系。

最后一点，山地景观设计的构建基础，是以改善生态条件为设计前提的。在山地景观开发过程中，势必对原始自然资源体系造成损害，景观设计要通过将草木、灌木、乔木等一系列点状设计元素垂直布置在山地地形之上，分层研究，最终形成一个立体的再生自然资源，减少对自然资源造成的损害。

2. 功能性原则

山地景观设计需要与自然景观资源协调、融合。随着设计追求的不断提升，功能要求根据不同的业态需求会不断变化，景观设计的空间形态与特征也随之发生变化。但不管这些需求端的内容如何变化，其基本点都离不开景观特有的功能性，即符合人类活动的生活方式，这样的景观设计才有价值。一个完善、健康的景观设计系统，必须从整体性出发，研究结构的变化，才能总结出科学的结论。

设计工作启动后，设计师首先应该清楚认识要设计的是什么。外在并不是设计的本质，它其实只是构成规划功能的包覆框架。要明确的第一个问题是功能。第二步才是对其样式和空间的有序设计。

（1）区块功能性

山地景观有时集合了包括度假、不动产、游乐设施、自然景观、商业、酒店、康养等多个形式。景观设计或者说规划设计需要在山地地形上进行评估、组合，将各种业态区域的功能性进行组合并发挥其最大价值。单纯地进行景观平面设计，也许单体成果输出效果特别理想，但是如果融合进整体规划内可能会造成流线混乱，出现动线不合理的基本设计错误。

（2）要点功能性

区块功能性优先，但其并不能完全决定景观设计的成败。当优秀的区块功能性景观设计成果输出后，设计师需要开始对形式和质量进行有意识的设计，体现出要点功能性。

3. 美学性原则

由于山地景观是森林景观的重要组成部分，人类自活动开始之初就对其进行干预。旧式的山地景观设计突出"即刻可以实现"的效益性，比较少或者说没有重点关注其整体艺术性与审美的功能，而对于综合的山地旅游度假类产品来说，粗放的山地景观设计将不能适用于现在的需求。

涉及山地旅游度假区景观的外貌、分布、内部结构变化等一系列的技术活动均属于山地景观的设计和改造过程。其中山地景观美学性的实现无外乎以下领域的实践：整体规划设计、分区改造设计、植被重组设计、水系重组设计、地形重组设计。

山地景观的美学，从宏观上涉及山地景观拼块的组成、镶嵌形式、景观结构特征、功能表达、生态特点的设计，从微观上反映到一棵树的修剪、一块草坪的布置、一条小径的蜿蜒走向、一条水渠的流经区域，均是美学性的体现。

4. 经济性原则

关于景观设计成果的实施，并不是资金耗费越巨大越好，同样也不是越省越好，而是根据科研报告理性分析景观工程在山地景观项目中的合理占比，从而判断出最合理的费用指标。从投资方角度出发，景观设计的经济性势必是山地景观设计的重点考量因素，需要节约开支并取得满足功能要求的平衡点，达到最优资源配置。

5. 舒适性原则

与所有人类功能性设计学科一样，山地景观设计也要基于人体工程学的基础理论，了解人体的基本数据，用以达到景观设计舒适性的目的。小到桌椅小品，大到空间环境，人体工程学对于景观设计来说要作为一门边缘学科加以认知。例如，户外座椅的设计选型，目前很多设计师仅关注座椅外形的美丑，或者一味模仿国内外优秀的工业设计案例，但只学得其表，未能学透彻。但凡国内外成功的工业设计成果，均是符合人类身形逻辑的产物。在充分研究坐姿舒适度后，再将不同外在形式的景观小品附着在理论数据之上，才能更好地做到景观设计的舒适性。例如，人的亲水性是一种人类本能，山地景观如果只有山没有水则痛失一个亮点。这里描述的"水"并不局限于江河湖海，涓涓细流、静谧小池或是庭院水系都可以作为景观设计的组成部分，从而达到提高山地景观设计舒适性的目的。

6. 可持续发展原则

全世界矿产资源越来越少的案例告诉我们，自然资源不是取之不尽的，恢复期是很漫长的。因此，山地景观规划设计的重点是要实现可持续发展。可持续发展的核心就是要在满足当代人需求的基础上发展，同时又不能对后代人的潜在生活资源造成破坏。这一点在山地型乡村景观规划设计过程中尤为重要。因此，要规范开发行为，注重山地景观资源可持续发展，才能达到生态保护与产业发展相结合的目的，实现人和自然和谐共生，这也是山地景观规划的一项重要原则。

（三）山地景观设计策略

1. 山地景观整体设计策略

山地景观设计与平原地区的景观设计存在不同。不同的地域、不同的特点决定了设计的差异化。对山地旅游度假区景观设计来说，这既是一种制约又是一种挑战，可以激发出设计者更多的创造性。

（1）全面的基址分析

抛开山地旅游度假区的业态而言，山地景观设计原本就带有多变、复杂的特性，其本身的质感就给空间塑造带来无穷的可能性，其中有积极的方面，也有因为对基址的分析不全面而带来的消极问题。了解山地旅游度假区的选址，明确设计范围，是设计过程的第一步。结合地形环境来看，应尽量避开对建筑物、构筑物直接构成威胁的潜在危害地段，如漏水层、滑坡区、泥石流区等，并且重点注意山势陡峭、原始植物植被状况不好的区域，这类区域有可能是断裂线、断层线的所在地，或者是两种地质区域的接触区域。同时应分析日照、山地朝向、水文状况、地形地貌等内容，综合全面地判断循环水系统的引导、景观面展开、道路流线等概念设计思路。

在启动山地旅游度假区景观设计工作之前，设计者除了对于理论数据层面的研究之外，现场踏勘也是必不可少的一环。只有通过现场踏勘获得最直观的现状资料，体会基地内的空间特性，抓住人文情感细节，才能在图纸上做到心中有数。

（2）景观空间的塑造

良好的山地景观空间塑造是一个需要大量实践积累的产物。一方面，通过对于山体、水体、植物与景观空间的组成关系分析，来还原自然景观空间的现状；另一方面，结合所掌握的理论要素和设计策略，对人工景观空间的构成进行解构，通过人工景观中必不可少的建筑、构筑等要点重构人工景观空间。

对于自然景观空间和人工景观空间而言，通过山地景观设计对于空间塑造所搭建的桥梁，二者可以实现"1+1＞2"，当然也面临"1+1=0"的窘境，这完全取决于个人对于自然景观要素与人工景观要素的融合状况。

举一个例子，山地景观设计中不可避免地要为了更好地满足人类活动而规划建筑单体或活动区域，山地自然景观条件一旦无法满足，就需要对地形进行改造，"挡土墙"就是人工景观要素对自然景观空间的直接介入。这类工程设施，对于解决地形冲突、调节高差有着不可代替的作用。护坡和挡土墙作为一种常态化的山地景观空间塑造方法，人们对其已经进行了大量的形态特征研究。其中护坡一共有四种主要形式，分别为直线型、折线形、阶梯形、大平台形；挡土墙一共有三种主要形式，包括重力式、加筋土、锚杆。无论哪种形式，都需要因地制宜地选取适合的人工景观要素，以提升自然景观要素，达到景观空间完美塑造的目的。

（3）合理的组织景观序列

在山地旅游度假区原始环境中，因为地形地貌的限制，设计对于景观序列的组织变得相对困难，但更为重要。设计师有时会抛弃原有景观自然序列，盲目地进行设计干预，这一点在平原地带也许更好实施，但是在山地景观营造过程中，可能会对工程量和经济性造成较大困难，同时，也会有更大的可能对自然环境造成破坏。为了保护自然环境，景观设计从业者在景观序列组织时，应尽量依据其自然空间序列进行拓展，主要包括以下几方面。

①等高线拓展。山地景观设计应在保留山地地形地貌魅力的同时，兼顾人类行走活动的舒适性。每一处空间环境的设计，都应该顺应原始的等高线走向，组织流线序列，打造合理的道路路网。

②竖向设计。竖向设计是山地景观的重点和难点，设计师需要结合场地内的自然条件，以及旅游度假区平面功能布局和施工技术条件，在明确建、构筑物和其他相关设计内容的高度差异根基上，相对完善地对地形地貌加以人工干预，并尽量减少土方量，以决策竖向设计的基本原则。最后，应合理组织排水（地上或地下）路由的敷设，解决场地内外高程衔接的问题。

③轴线变化。我国清代学者刘熙载在《艺概》中写道："起、承、转、合四字，起者，起下也，连合亦起在内；合者，合上也，连起亦在内；中间用承、用转，皆顾兼起合也。"线形起伏本身就是一种轴线性的序列变化，转化至景观设计中也应该有这样的秩序性。如果把平原地带景观设计看作二维空间的 X 轴和 Y 轴，那山地景观设计就增加了 Z 轴，在表达欲上更加的立体。

④节奏序列。在山地景观空间中，建筑和景观的节奏变化是形成节奏序列的重要因素。在音乐艺术和绘画艺术中也有类似的序列理念。音乐有音乐的律动，音调的高昂或低沉、节奏的急促或缓慢，都是其韵律性的表现；绘画艺术中则非常强调构图，疏密的安排、中心的聚焦，均是美术的序列。在景观设计中，利用好建筑、山石、树木、花草，甚至是光线，都可以让景观的节奏序列更加富有美感。

⑤景观视线。设计师应分析山位，根据山位变化的不同而研究不同的景观视觉场景，并且在景观视觉分析时要考虑到"在观景的同时，本身也是景"。

当山地旅游度假区定位在山腰或山底时，人无法获得制高点的视角，景观设计应多为平视或仰视，注意使用好山体本身作为景观设计的背景板，让整个基地的景观成为山地轮廓的一部分。当山地旅游度假区定位在山顶或山脊上时，人身处高位，可以看到低处建筑物的屋顶，如果存在集群聚落，则会有屋顶作为景观面的可能。

根据不同的山位和基地定位，对景观视线加以分析后进行设计，是强化山地旅游度假区景观设计中必不可少的一环。

2.林地景观的设计策略

植物是构成山地景观的重要因素之一。林地景观具有极其重要的生态涵养功能，应结合实际情况进行设计。

（1）尊重、利用现有地形地貌

地形地貌对林地景观的影响很大。平原型村庄大多临河而居，地处河网交织的地带，可以充分利用水资源发展乡村经济以及文化。而在山地型乡村中，村庄布局大多一面顺应山势走向，一面临近水源，整个村庄呈现一种层次分明、高低错落的景象，这是山地型乡村的地形优势，也是一种特色景观。营造林地景观应尊重和充分利用现有地形地貌，最大程度上保护好当地生物的自然生境，提升水土保持和生态涵养能力，实现可持续发展。同时应根据现有地形地貌，利用好垂直绿化、梯田等绿化手段，这样既能保证山体的植被覆盖率，实现防风固林，又能避免水土流失引发的山体滑坡等现象。

（2）修复山地植被

植物类型多样性和植物覆盖度在林地景观中十分重要。林地景观的植被覆盖率的提升要采用植被修复的方式。首先，对林地景观资源进行调查与分析，得到树种结构与林分组成。其次，采取森林抚育的手段，对纯林、同龄林按照"去弱留强、去小留大、去病留壮"的原则砍伐长势不好的或病虫害问题严重的树种。对混交林来说，当伴生树种对主要树种产生生长威胁、抑制主要树种的生长时，可以对伴生树种实施修剪。再次，对郁闭度低的区域适当进行补种，采用适当间植的方法，透出林窗，增加林下光照，形成有序的植物景观空间序列，和山地高差一起构成层次丰富的林地景观。最后，要注重山地型乡村树种的保育工作，保护当地的珍贵野生树种。

（3）注重树种搭配

林地景观的打造以保护生态自然资源为目的。针对山地型乡村树种单一、景观结构性不足、郁闭度偏高的问题，要进行合理的树种搭配。最简单的搭配方式是用竹海景观配宿根花卉，复杂一些的搭配方式是通过保留长势优良的树种，在充分利用好当地乡土树种的基础上，搭配一些引种成功的观赏乔木，以色叶、观花树种为主，形成结构稳定的植物群落，与周边山林一起打造丰富的观叶、观花山林景观，更好地体现山地型乡村的地域特色。树种搭配在提高区域内生物多样性的同时，可以提升林地景观的经济价值，形成丰富的四季景观，发挥自然景观的美学功能。

（4）开展林相景观提升工程

对植被不丰富、层次不合理的区域，可以适当开展林相景观的提升工程：结合实际需求设置丰富多样的绿道，同时布局少量乡村景观小品，然后再从娱乐性和功能性出发，根据地形、树木种类、林相结构等进行一些特色改造，适当发展林下经济，突出山地型乡村景观的自然性和休闲性。林相景观工程常用于构建近郊休闲型村庄和文旅产业型村庄林地景观。

3. 水域景观的设计策略

水是构成山地景观的重要因素之一。水域景观不仅可以改善空气环境、调节局部气候，而且能维持生态平衡，达到生态循环的作用。经过长时间的生活和生产需要，山地型乡村的水系逐渐脱离了原先单一、未开发的溪和瀑布形态，开始呈现多样化，如河道、溪流、池塘、水渠等多种形态，同时山地型乡村由于地处环山之中，植被资源丰富，为水域景观的绿化提供了重要的资源条件。针对水域沿岸景观破碎化、人工化，周边景观形态不统一，农村水体本身自然净化能力较低，泄洪能力不足的共性问题，要协调好资源开发和生态环境保护之间的平衡发展，同时丰富乡村水系植被景观。

（1）注重特色水域形态

水域面积是水域景观打造的重要影响部分。要保证水域面积的占比就要注重各类型特色水域的形态完整性，保护主体水岸线不受到破坏。水域景观在不同类型村庄中的侧重点不同，其中文旅产业型村庄以打造河道景观为重点，自然野趣型村庄以打造溪流景观为重点，近郊休闲型村庄以打造池塘和沟渠景观为重点。不同水系形态呈现不同，分别如下。

①河道：山地型乡村地区的河流水量充沛，流速较快，但水势较为稳定。因此，规划时要尊重河流原有自然走势，对部分瓶颈区及时进行疏导，让水流能畅通起来，以保持河道恒定的水量。同时结合地形及水岸线，搭配乡土植物，营造地带性植物群落景观。

②溪流：与河道不同，溪流比较窄，流径比较小，但溪流是山地型景观的特色景观。应按照把水变清、把溪弄好、把景变美的思路，注意流域综合整治、溪流边缘线控制。同时，溪流的石块较多，可以很好地缓解水体存蓄压力。

③池塘：池塘是与村民生活密切相关的水域，一般流动性弱，面积不大，水体较浅。周边植物可采取粗放式设计，通常栽植一些小乔木，构建小型生态循环，之后在边界补植低矮灌木或花草，提升其景观性。

④沟渠：在山地型乡村，沟渠空间形态明显比普通河流景观窄，流水量也小，分为硬质和软质两种形式。其中，软质沟渠可以减少大面积人工硬质景观，实现沟渠景观的生态化。当然也可以选择硬化沟渠来扩大沟渠的排水断面，此时应注意选用一些透气性较好的材质。建议多使用软质沟渠，这样既能改善生态环境，又能体现田园风光。

（2）建立生态水循环

水体质量是水域景观评价指标中最重要的指标之一，建立生态水循环可以很好地提升水体质量。首先要确定好水源，梳理当地水域水系，连通成水网，才能形成整体的一个生态水循环系统，避免出现死水、断流等现象。其次，可以选择种植一些水生植物，如荷花、芦苇、水葱、蒲草等。水生植物能吸收水体中的氮磷等营养元素，有效抑制"藻华"的爆发，还能抑制湖泊沉积物的再悬浮，吸收水体中的污染物。

（3）驳岸生态化处理

驳岸美观程度在水域景观中排第二，和水体质量权重相同。因此，要将驳岸进行生态化处理。驳岸是水域景观的重要组成部分，利用生态驳岸模仿自然河岸，用天然石块和植物组成，具有很好的透水性，利于减少水土流失。总体来说，生态驳岸拥有防洪泄涝、生态保护、休闲等多种功能。通过多样化的生态手段来改造河道，对局部河湾处配以植物，适当进行扩展，既能防洪又能保护生态。同时，利用植被群落的根系来稳固自然驳岸可以有效防止水土流失，保持其生态特性。驳岸植物可以选择乔灌草进行搭配，采取湿生木本和水生草本植物混植的方式，在防风和固堤的同时，可以提升整体层次感，季相变化显著，呈现自然状态。

（4）提升游憩功能

水域景观的营造不仅可以增强当地水土涵养能力、美化景观，而且具有游憩价值。对于休闲性较强、面积较大的水域设置供游人通行的木栈道、平台、汀步，可以提升水域景观和增强亲水性，也可以适当增加水车、船埠头等趣味性景观，这种利用废旧村庄老物件打造记忆点的方式，既可以增强当地村民的归属感，又有利于文化传承。河流沿岸也可以规划一些滨河绿地，这样既能阻断污染直接进入水系，又可以在沿河构建特色休憩区域，打造出美观、充满野趣的生态滨水景观带。

4.聚落景观的设计策略

山地型乡村聚落是山地景观中的一种独特风景。

（1）注重村落与环境协调

村落与周围环境的协调性在聚落景观中的权重排第一。聚落景观是承载人们居住、生活、活动的场所。调研结果表明，受气候和地形条件的影响，山地型乡村聚落分布形态根据地形高低和地势复杂程度大致有三种分布：团状、带状、散点状。根据聚落选址的不同，其空间布局多样复杂，因此不能一刀切，为了整体美观就进行整村迁址，这样不科学且打破了原有的整体环境舒适度。

山地型乡村聚落景观主要由乡村聚落形态、乡村建筑风貌以及村落空间构成。村落与周围环境的协调性在评价体系指标中的权重较高，说明村落与整体环境的协调程度很大地影响了当地的聚落景观。针对乡村聚落传统与新式建筑混合，部分建筑存在布局不合理以及公共空间活力不足的问题，要重新梳理空间脉络，最大程度尊重山地的格局，注重村落与环境的协调性，以减少对山地生态系统的破坏。应根据地形地势，进行适合的村落空间布局和流线组织，统一建筑风貌，提升公共空间。

（2）优化交通流线

交通通达性在聚落景观各指标中的权重较高，所以完善路网、优化交通流线非常有必要。鉴于山地道路结构的整体性，深入了解居民的生活方式以及生活交流互动需求，在保持整体景观自然生态的基础上，对山地型村庄的交通流线景观进行整体改造更为行之有效。优化交通流线要以尊重整体布局为前提，进行合理规划。

（3）统一建筑风貌

乡村民居是乡村聚落景观的重要部分之一，它以当地的山地型乡村自然景观为背景，同时又加入了人的元素，产生了景观与人的交互影响。山地型乡村建筑多采用背山面水或四面环山的布局模式，大多选址于较平缓的地带。同时，建筑形态已经基本固定，不可能做大规模的拆除。为了控制整体建筑风貌，可秉持"重点区域集中整改，非重点区域较小调整"的原则，首先对危房建筑进行拆除，其次对风貌不协调的民居立面进行改造。考虑到很多民居有入户台阶和坡道，因此对其围墙也进行统一特色化整改，用砖、瓦、木片等乡土元素通过统一建筑风貌的方式来提高其整体性。

（4）提升公共空间

①增加公共空间占比。调研发现，山地型乡村现有公共活动空间数量不足，无法满足需求。同时，存在较多闲置空地，散落在村庄的不同高程的各个区域。乡村可利用的公共开放空间类型多样，包括入口公共空间、宅前屋后的小型空间、没有被充分利用的聚集广场等，都是需要重视和可以利用的重要空间。将这部分区域进行合理利用，可以营造公共活动空间，进行空间整合。

因此，在保证当地居民的生活品质、尊重山地型乡村的特殊地形的前提下，充分利用好被闲置的土地，适当增加公共空间占比，十分有必要。同时，规划建设应以营造和谐的生活空间为目的，如吸引村民来参加文化礼堂举行的活动，提升村民幸福感，同时为发展旅游业经济做好基础。

②把握好空间尺度。把握好空间尺度对山地型乡村景观建设十分重要。依据街道的宽度（D）与建筑物的高度（H）的比例关系，不同的尺度会对人产生不同的心理感受。研究发现：当D/H比值小于1时，人在这个氛围中感受到的压

抑感较强；当 D/H 比值大于 1 且不断增大时，人会感受到越来越强烈的空旷感，直到一个不合理的尺度出现，人们会觉得这个场地过大，空无一物。因此把握好空间尺度给人带来的感受十分重要，对于尺度不合理或整体风貌较差的公共空间可进行拆除重建。利用不同的尺度和布局，可以体现不同的乡村地域特色。

　　③提升配套旅游设施。对近郊休闲型村庄和文旅产业型村庄来说，提升配套旅游设施尤为重要。配套旅游设施不仅影响游客舒适度，而且影响景区星级村庄评定，因此要加大关于民宿、游客中心、文创展览馆等游客聚集性场所的相关配套设施的建设。

第三节　建筑与地形景观的形象整合

一、建筑形体与地形的融合

建筑与地形地貌的融合，能够使整体景观中人工化的建筑与自然景观要素之间的形象差异消失，从而保证建筑形体对于景观的负面影响减至最小，建筑与大地浑然一体。

（一）埋入地下

建筑形体地形化最基本的做法是将建筑埋入地下。这种策略一般应用于对自然景观形态有较为严格的保护性要求的场合，需要将建筑的存在尽可能弱化。

日建设计公司设计的 POLA 美术馆位于日本富士箱根伊豆国立公园内的仙石原，周边环绕着 300 多年的榉树以及其他植被。为了尽可能少地破坏自然景观，建筑物采用了特别的钵形结构体埋入地下，露出地面的部分主要是玻璃构成的入口，其高度控制在 8 米以内。这种结构体能够不切断地下水脉，同时也有利于抗震。针对进入和采光问题，POLA 美术馆将顶层（位于地面上的部分）作为建筑入口大厅，自然采光主要通过透明玻璃屋顶解决。

隈研吾设计的龟老山展望台位于濑户内海的一个名叫大岛的岛屿上。建筑师在经过许多模型（如圆网状、圆锥状、玻璃盒子等）推敲后，最终选择了把龟老山展望台埋起来。岛上的山顶已经被削平建了一个公园。建筑就建在原来山顶公园的地面上，剖面呈 U 字形，整个是混凝土构造体，然后在上面堆土、植树、恢复山的原来形状。从空中鸟瞰，建筑留在大地上的印痕是一些宽窄不同的"缝"或"切口"。这些"切口"是进入建筑的通道和走出建筑、眺望自然的通道，是人工空间和自然景观之间的通径。层层台阶从"切口"中上升直冲天穹，尽端是挑空的、"漂浮"在大地表面的纤薄的观景平台。这一部分就仿佛是从地下探出的整体化的片状构件。

安藤忠雄负责设计的几个博物馆建筑都面临着需要最大限度留存原有自然景观的要求，因而将建筑埋入地下是十分自然的选择。而安藤忠雄惯常的风格是在建筑的平面构成上采用较为纯粹的几何原形，这几座建筑也不例外。本福寺水御堂是一个椭圆形水池；地中美术馆是一系列正方形、长方形的组合；直岛当代艺术博物馆呈现同心的桶网和方形的嵌套。这些建筑埋入地下后，其屋顶部分都做了处理，覆植了草坪或形成水池，在很大程度上恢复了大地表面自然状态的连续性。在地面上，建筑体量的存在难以被觉察到，所看到的是墙体的顶部形成的线条勾勒出的几何原形：本福寺水御堂的椭圆即室内空间的轮廓；地中美术馆是庭院形成的大地表面的孔洞；直岛当代艺术博物馆则兼而有之。这些嵌入大地表面的几何原形似乎是在大地上围圈起一个个加入了人工化秩序的内在小世界。

与安藤忠雄的完满原形相对，卡洛斯·菲拉特设计的位于巴塞罗那的假日健身中心在大地上留下的印痕则是五根放射状发散的直线。建筑中心部分是一个庭院，庭院地面虽然覆盖着一层薄薄的水体，但其人工化的品质是毋庸置疑的，而由此发散出去、切入大地的墙体则似乎意味着人工化品质向周围的自然景观弥散乃至消逝其中的过程。

（二）重构地表

早期的掩土建筑在形态操作上的考虑大多是朴素而直觉的，即通过使建筑沉入土地或用泥土掩埋而消除人工营造的痕迹，尽可能地复原自然原存的状态。当代许多建筑则将建筑形态的生成视为对地表和地形的人工化重构，从而达成建筑形态与大地地形融合的效果。借鉴来自视觉艺术领域的实践，地面被视为一层（或是多层）可以被任意改变的柔性表皮。它可以被隆起、掀开、扭曲、翻折乃至重构。而这些操作更多时候并非实际改变原有的土地，而是通过与地面连为一体的大尺度、整体性的屋顶形态的变化而达成，形成了从原有地面生发出来的或是层叠（或漂浮）在原有地面之上的一层新的、人工化重构了的地表。

二、建筑材质与土地肌理的融合

土地肌理在建筑上的延续体现了建筑对于大地的从属性，在视觉上使建筑形体与土地具有融合的趋向。位于希腊著名的岩石修道院，石材砌筑的建筑与山地几乎浑然一体。挪威建筑师莫尔设计的 Vinie 画廊建造在北欧的群峰深处，穿过一片浓密的云杉林，建筑向着下方的山谷和远处黛色的群峰展现自身。建筑墙体用具有微妙色差的大块花岗岩砌成，凝重而有力的体量与建筑所处的山体特质相通。用建筑师的话来说，这是一种"谦逊的"建造方式。

对于土地肌理的延续有时并不需要覆盖整个建筑。传统的山地型乡村聚落，民居建筑往往在勒脚和台基部分采用石材砌筑，形成土地肌理的延续效果，而上部墙体则可能是与原有景观肌理形成差异性的光洁刷白处理。而其常见的覆瓦坡顶也有与勒脚类似的效果，坡顶的材质肌理和其小块材料的尺度特征都具有相对于背景景物（山体、林木）的肌理与尺度的延续性。这种建筑两端——上部与下部——对景观形态的延续将原本差异化的建筑"锚固"在景观形态之中。

赫尔佐格与德姆隆设计的多米勒斯葡萄酿酒厂也是以当地石材为主要建筑材料的单体建筑，但处理手法极有新意。葡萄酿酒厂坐落在加利福尼业的纳帕山谷里，是一个平面为 130 米 × 25 米的长方形的两层盒子式建筑。正是它简单的形体让人把注意力放在了建筑外表面的建筑材料上。当地的玄武石块以原本自然的形态被放在从瑞士进口的金属筐中，金属筐中浇有混凝土作为承重梁，建筑立面上材料承重和填充功能的明确分工、精确尺寸的金属网格和大小不一的石材、当地天然玄武石和人工混凝土等一系列对比，使葡萄酿酒厂处于建筑与景观之间的状态。金属筐的尺度被严格控制，并分等级，最小级用来防止葡萄园中的响尾蛇通过石缝爬入室内；自然光则透过这些孔洞射进室内，形成神奇般的光芒；规整而有秩序的金属筐赋予凌乱石材一种形式美。

第五章　现代景观植物的建筑技术

植物作为景观建筑的重要要素之一，对改善自然环境条件、维护生态平衡机制、保护物种多样性、发展提升国民经济水平具有重要意义。植物的物种多样性对于现代景观建筑具有重要的意义与价值，不仅能为种质资源保护和有效利用、环境绿化引种提供依据，而且能促进物种多样性、满足景观建筑高层次的绿化需要。本章分为植物的功能与类型、景观植物配置形式与方法、景观植物的造型与造景三部分，主要包括植物的功能、植物的类型等内容。

第一节　植物的功能与类型

一、植物的功能

（一）生态效益

植物可以净化空气、水体和土壤。植物不仅可以吸收空气中的尘埃、有害气体和杀菌，而且可以调节大气温湿条件。植物通过叶片的蒸腾作用，调节空气的湿度，使人们具有舒适感。植物也可以减少城市中的噪声污染。同时，通过科学的绿地设计，植物还具有防灾避难、保护城市人民安全的作用。

（二）社会效益

作为一种软质景观，植物可以柔化建筑生硬的轮廓，达到美化城市的效果。同时，植物可以提升城市形象，展现城市风貌。优秀的植物景观还可以陶冶人们的情操，提供日常休闲、文化教育、娱乐活动的场所。

二、植物的类型

植物是绿化系统中最重要的部分。按植物的形态和习性，植物可分为三大类：草本植物、藤本植物和木本植物。

（一）草本植物

草本植物的根茎含木质少，枝干柔软，支撑能力弱。草本植物的植株矮小，寿命短，生长周期为一年、两年或多年。草本植物的叶面积指数比较大，因此草本植物是绿化中最常用的植物。

①一年生草本植物：生长周期短，一般在夏季前会开花结果完成整个生命周期。代表植物有紫罗兰、二月兰等。

②两年生草本植物：从发芽、开花、结果到死亡的整个生长周期需经历2年。代表植物有桂竹香、三色堇等。

③多年生草本植物：从发芽到死亡的整个生长周期需经历2年或2年以上，如矮牵牛、石竹、四季秋海棠等。

（二）藤本植物

藤本植物是指茎和枝干比较容易生长但不能直立，必须依附其他物体才可以正常生长的植物。其根可生长在较小的土壤空间内，却能产生最大的功能和艺术效果。藤本植物一般用于垂直绿化。

（三）木本植物

木本植物是指植物的茎中含有大量的木材的植物。木本植物的寿命较长，从几年到几千年的都有。木本植物中的灌木常用于绿化。

灌木没有明显的主干，植株矮小且一般不会超过6米，呈现丛生状态，如金雀、牡丹、杜鹃、朱瑾等。灌木植物常用作阳台的盆景植物。

第二节　景观植物配置的形式与方法

一、植物配置的形式

（一）孤植

一株单独的植物就能够撑起一片景观的主景的植物配置形式一般称为孤植，这和用很多植物聚集在一起形成的成群的表现景观手法有着很大不同。孤植的植物体现出的艺术气息和人文特点是给人们营造一种独立自主的特殊美感，能够产生强烈的视觉攻击性效果。这种具有一定特色的配置形式一般出现在特殊的环境里，如空旷的草地、花园的道路交叉口等处，有时候也出现在建筑物的附近，点缀空乏的景观空间。

（二）对植

对植是指用两株或两丛样式相似的植物，按照一定的轴线关系，以相互对称或均衡的形式种植的方式。对植主要用于强调公园、建筑、道路、广场的出入口，同时起庇荫和装饰美化的作用。对植在构图上形成配景和夹景，与孤植不同，对植很少做主景。

（三）垂直绿化

垂直绿化是景观设计的一种手法，属于攀缘植物独特的盘旋式的表现形式。在这种配置形式下，攀缘植物会无处不在地攀爬到墙壁上、树干等处。在唐朝时期，就有将攀缘植物作为墙壁绿化植物种植在水井的周围形成垂直绿化空间的情况。在古埃及，法老在底比斯下令将葡萄作为当时重要的景观元素种植在花园里。垂直绿化，除了要求丰富的视觉景观之外，还要求有阴凉地带持续地为人们提供休息环境；或用作装饰来区分空间，不仅可以观赏，还可食用。庭院里这种配置模式最好首选葡萄花架，在乘凉观赏的同时还能够品尝到美味的新鲜果实。

垂直绿化存在多种形式，为了更好地识别不同垂直绿化系统的特点，需要对其进行分类。垂直绿化的构成要素有支撑结构、灌溉系统、生长基质、植被等。根据这些要素可以将垂直绿化分为两个宏观类别：地面生长类垂直绿化和非地面生长类垂直绿化。

1.地面生长类垂直绿化

地面生长类垂直绿化是指将绿植种植在土壤中，靠植物自身的攀爬能力或者牵引构件，使植物覆盖在外墙面上的绿化形式。地面生长类垂直绿化的优点包括构造简单、技术含量低、重量轻、易于安装等；缺点包括植物和墙壁之间的整合程度有限、不易控制植物生长、花费多年才能完全覆盖墙面。

（1）直接垂直绿化

直接垂直绿化是指依靠植物自身的吸附能力附着在建筑外墙上，一些旧有建筑的绿化常用这种形式。直接垂直绿化植物只能选择藤蔓类，例如爬山虎。

（2）间接垂直绿化

间接垂直绿化是指通过结构构件引导植物生长，常用的构件是电缆、不锈钢、网格等。这种支撑结构带来许多好处：防止攀爬植物掉落，在建筑物和植被之间形成气隙，增加建筑对风、雨、雪等环境的抵抗力等。

2. 非地面生长类垂直绿化

非地面生长类垂直绿化是指植物无须连接到地面上，而是在建筑外墙面上安装一个支撑结构悬挂绿植层，形成双墙的外立面结构的绿化形式。非地面生长类垂直绿化具有应用范围较广、不受建筑高度限制、可选用的植物种类较多、更有利于建筑立面美化等优点，而造价贵、结构较重和植物成活率低则是其缺点。

（1）模块式垂直绿化

模块式垂直绿化系统的主要组成部件是支撑结构、铁丝网、灌溉系统、植物槽、种植基质和植物。绿植选择种类多样，生长基质包括有机和无机两种，灌溉系统通常安装在铁丝网和植物槽之间，水通过水泵从植物墙顶部浇灌到底部，再通过水槽收集。模块式垂直绿化具有便于安装、建筑适应性强、后期维护方便等优势；而造价成本高、支撑结构重则是其缺点。模块式垂直绿化近些年发展迅速，在各种类型的建筑中都能见到其身影。

一般来讲，模块式垂直绿化墙的构造主要包括支撑结构、网架结构、灌溉系统、植物槽、生长基质和绿植。支撑结构锚固在建筑外墙上用来承重，支撑结构和外墙面之间的空隙形成空气间层，可以增加建筑外墙的热阻；网架结构用于连接种植槽和支撑结构，属于连接层；灌溉系统一般由水泵、水池、竖向总管和横向分管组成；植物槽锚固在网架结构上；生长基质和植物放置在植物槽中。

①植物选择。不论是藤本植物、木本植物还是草本植物，都有各自的生长习性，只有满足其习性才能保证植物健康生长。在进行垂直绿化植物选择的时候，需要考虑多种因素：当地气候条件、垂直绿化类型、植物生长特性和建筑环境等。能否创造出景观丰富、成活率高的绿植是整个垂直绿化系统中极为重要的内容。

②种植容器。模块式垂直绿化的种植容器具有容纳生长基质、连接灌溉系统与支撑结构的作用，是垂直绿化的重要组成部分。种植容器分为金属笼结构和盒式结构两大类。

a.金属笼结构的容器由金属笼＋毛毡或金属笼＋岩棉组成，容器里的植物须提前育苗，可增加成活率。

b.盒式结构的容器一般选择轻质材料，应具有耐腐蚀、不易变形、易于更换的特点。基质多以沙土材料混合而成，并且容器底部应每隔一段距离设置一个排水口。

③生长基质。生长基质对垂直绿化的植物成活起到关键作用。选择生长基质时需要注意基质的质量轻重、保水保肥性、整体性、适宜性、无害性和重复利用等条件。常用生长基质主要包括两种：有机生长基质和无机生长基质。

a. 有机生长基质。有机生长基质是天然或者化学合成的有机物质，如稻壳、草灰、木屑、椰子纤维、甘蔗渣和树皮等。复合有机生长基质则是多种基质按一定比例混合，这种基质综合了各种单一基质的优良性质，有利于提高植物的成活率。

b. 无机生长基质。无机生长基质大多为固体且很少有营养物质，常用的有陶粒、砂、珍珠岩、岩棉、蛭石和炉渣等。

④灌溉系统。灌溉系统分为智能灌溉和人工灌溉两种。模块式垂直绿化墙通常使用智能灌溉系统，它具有节省劳动力、定时定量灌溉、节约用水等优点。常用的智能灌溉系统包括喷灌和滴灌，两者都是由动力设施、灌溉输水管网和出水设施组成。

a. 喷灌系统：喷灌系统常用在较大面积的墙面绿化上。一般做法是在建筑墙面上架设管网，采用水泵加压的方法将水提到装置顶部，再喷灌到植物上面。喷灌管道可以灵活地布置在建筑立面上，水可以浇灌到立面的任何位置，不会受垂直绿化的面积大小和立面造型布局的影响，给予模块式垂直绿化更加灵活的设计空间。

b. 滴灌系统：滴灌法需要动力设施，用压力补偿滴头、滴箭的方法，使水分缓慢地进入土壤中，水分可直接供给植物根系，有利于植物生长，节约用水的同时滴灌效果也较好。上海世博会主馆就采用该系统。

⑤承重方式。模块式垂直绿化的承重方式的选择需要考虑自身的重量和建筑墙壁所能承受的重量。模块式垂直绿化由于基质、植物和水的影响，自重较大，支撑结构的选择需要精心考虑。常用的支撑结构是墙体自承重模式和独立结构承重模式。墙体自承重模式造价低，但是需要考虑墙体的承载能力，适用于自身重量较轻的垂直绿化。独立结构承重模式具有构造复杂、造价贵的特点，不会给外墙带来太多重量负担，适用于重量较重的模块式垂直绿化装置。

（2）毛毡式垂直绿化

毛毡式垂直绿化系统不需要土壤基质，而是用带有植物的毛毡作为织物层连接到不同的底板层，再将其整体固定到支撑结构上，该支撑结构再被锚固到建筑墙面上形成的。

毛毡式垂直绿化常与水培技术结合使用，可以实现高密度种植和大范围应用，与模块式垂直绿化相比有不同的视觉体验。

二、植物配置的方法

（一）花卉

花卉种类繁多，色彩鲜艳，易繁殖，生育周期短，因此，花卉是景观环境绿地中经常用作重点装饰和色彩构图的植物材料。花卉在烘托气氛、丰富景色方面有着独特的效果，常配合重大节日使用。在选用景观中的花卉时，多选用用工少、寿命长、管理粗放的花卉种类，如球根花卉和宿根花卉等。

1. 花坛

花坛是在一定范围的土地上按照整形式或半整形式的图案种植观赏植物以表现花卉群体美的景观设施。

（1）花坛的分类

花坛的分类方式有很多种。2003年出版的《园林花卉应用设计》认为花坛按照表现主题可分为盛花花坛、模纹花坛；按照布局分为独立花坛、组合花坛；按照花坛构图可分为规则式花坛、自然式花坛、混合式花坛。

此外，花坛按照功能可分为导向花坛、模纹花坛、街道花坛、节日花坛等。按照外形轮廓，花坛可分为圆形花坛、椭圆形花坛、多边形花坛等。或依据花卉材料的使用进行分类，将花坛分为单种花坛和多种花坛。单种花坛只栽植一种花卉植物，其多用于平面花坛；多种花坛一般栽植几种观赏性一致的花卉，并在花色花期上取得互补，能够延长花坛的观赏期，在立体花坛上应用较多。

花坛的类型不仅仅有以上几种，设计者可根据自己的构思创意或特定的目的来设计出自己想要的花坛形式。现如今，植物材料种类丰富，栽植技术也有一定的提高，设计师可以充分发挥自己的创新能力来设计出更有特色的花坛。

（2）花坛植物的选择原则

①适地原则。花坛植物的选择要根据当地的土壤、气候来选择，宜在乡土植物中进行筛选。乡土植物是城市、乡村及周围地区长期生存的植物，对所在地区的土地条件有高度的适应性，对于温度、光照、水分、土壤等环境因子能够快速适应并且成活率高，观赏效果更佳。

花坛栽植的植物需要选择生长良好的植株，由此可以展现其整体充满活力和具有生气的美感，因此要遵循植物生长特性，对植物的色彩、高度、株型、观赏期都要有良好的把握，选择花色好、花量大、观赏期长的植物来展示其生命力，依据植物的生物学特性进行选材，发挥植物优势，从而达到花坛整体的观赏性。

②经济原则。在花坛植物选择中，应根据当地的生态和资源环境，选择植物材料造价相对较低的，容易栽培成活的，并且在引进过程中容易批量繁殖的植物，同时也要注意选择抗旱、抗寒、抗病虫害和抗盐碱等抗逆性强的植物，以便于在栽植和养护管理方面降低成本。

2. 花境

花境起源于英国花园，在国外有着悠久的发展历史。"border"一词最早指花园边缘的镶边，与现今的"花境"不同，是一种花卉的简单种植应用形式。后期随着种植形式和材料的不断变化，花境逐渐脱离花坛，布置在花园的墙基处，成为一种独立的花卉应用形式，这种形式的英文为"flower border"，也叫"herbaceous border"，被译为"花境"或者"花径"。其主要是指采用一二年生、多年生草本植物和灌木，注重不同季节的景观效果，利用不同高度、颜色、质地和香味的植物创造出一种令人愉悦的景观效果的花卉应用形式。

（1）花境的分类

花境的分类方式多样，根据不同的标准可分为不同的类型。以下分别根据植物材料种类、植物附加功能等标准展开叙述。

①按植物材料种类分类。花境按植物材料种类可分为草本植物花境、灌木花境、针叶树花境、观赏草花境、野花花境、专类植物花境以及混合花境。

a. 草本植物花境。这类花境是指以低矮的草本植物为主，植物材料全部为一二年生草本花卉，或全部为宿根花卉以及全部为球根花卉组成的最为传统的花境配置类型。其中，一二年生花卉花境具有品种众多、花型优美、花色艳丽等优势，可以根据季节不停地更换花卉品种以维持长效花境效果，景观性最为突出，但比较耗费人力、物力。宿根花卉花境全部由可露地过冬、适应性较强的宿根花卉组成，管理相对较简便，花期的季节性较为明显，但养护成本比一二年生花卉花境低。球根花卉大多数花期在春夏或秋季，可以弥补此时宿根花卉和灌木景观上的不足。

b. 灌木花境。灌木花境是以观花、观果、观叶的灌木为种植材料的花境。灌木花境的植物群落稳定性强，养护管理比较简单，观赏期较长；缺点在于定植后不易移植，色彩上不如草本植物花境丰富，结构层次不明显。

c.针叶树花境。这是近年来国外植物造景中的新宠，专指以松柏类针叶树为主要造景元素，利用植物材料的常绿性及相对草本花卉生长缓慢的特性，通过乔灌木独具特色的布置形式营造的主题明确、景观持续性强的花境形式。

d.观赏草花境。观赏草是一类形态美丽、色彩丰富的草本观赏植物的统称，具有自然优雅、潇洒飘逸、自然野趣的特点。例如，由粉黛乱子草打造的粉色海洋曾成为网红打卡圣地，一时间火遍大江南北，深受广大游客的喜爱。观赏草花境以多年生观赏草为主要植物材料，适应性强，栽培管理容易且成本低。目前观赏草在西方国家比较流行，在国内的应用也越来越广泛，如北京鸟巢体育馆、上海后滩公园等都有应用。

e.野花花境。这是指以各种野花组成的花境，通常由 2～3 种或多种株型自然、管理粗放的一二年生花卉或宿根野花品种混种。不同于其他花境类型的团块种植，野生花卉花境根据不同的应用需求，将多种野生花卉种子按一定比例混合后采用播种（条播或撒播）的方式种植，较栽植花卉成苗更节省人力、物力。这类花卉一经播种，一年生植株通常具有很强的自繁能力，能保持多年连续开花，多年生植株则可常年开花，整个组合能达到花色范围最广、花期互补的目的。播种后的野花组合生长较快，能迅速覆盖地面，有利于控制杂草蔓延。例如，在东北地区，以引种长白山野生花卉资源组合而成的长白山野生花卉花境，集地域特色和科普教育功能于一身。

f.专类植物花境。这是指使用同一属不同品种、同一类不同品种或是运用相同生长环境下的植物为主要植物材料而形成的花境。其特点是可以集中展示同一属或同一类花卉，具有一定的科普作用。目前应用比较广泛的有菊科花境、牡丹花境、鸢尾类花境等。

g.混合花境。混合花境综合运用一二年生花卉、多年生花卉、观赏草、花灌木以及小乔木，具有植物材料多样性、观赏期长等特色。混合花境多用花灌木作背景，以色彩艳丽、姿态多样的多年生花卉为骨架植物，用观赏草或常绿草本来增加叶形、叶色的丰富性，并利用低矮的一二年生花卉作为点缀花境的镶边材料。

②按植物附加功能分类。按照植物的附加功能可以把花境分为药用植物花境、芳香植物花境、食用花境。

a.药用植物花境。这是指由观赏价值较高的药用植物组成的花境。药用植物是指某一部位或全株含有药用成分，可用来防病治病的植物。常用于药用花境的植物有百合、野菊花、蒲公英、桔梗、夏枯草、翻白草等。

b. 芳香植物花境。这是指由芳香草本植物和开花灌木组成的花境。芳香植物指的是花、叶或植物其他部位能散发芳香味道的植物。芳香植物花境除了通过植物的质感、形态、花色调动人们的视觉感官之外，还可以通过嗅觉体验使人们感受到花境的芬芳和另外一种美。

c. 食用花境。这是指运用食用植物营造的花境。中国有食花的传统，食用花境除了运用可食用的花卉之外，一些兼具观赏性和食用性的蔬菜、水果也是很好的花境材料，常与花卉组合造景。

（2）花境的设计原则

花境是一种观赏性很强的植物造景形式，使用的植物品种多样，形成的景观类型多变，既有美的表现形式又不失科学性。同时，花境满足了人们的精神生活需求，与人们的生活息息相关。如何正确进行花境的优化，需要遵循一定的设计原则。

①景观风格与立地环境协调原则。花境不是一种独立存在的植物景观，需要结合所处环境来进行风格的打造。打造花境时应科学合理布局，强调与周边环境的协调融合，通过植物色彩、质地、姿态等组合营造花境，可以是欢欣热烈的，也可以是野趣横生的或安逸静谧的。

不同的应用场地和空间尺度对于花境的尺度设计和观赏效果呈现是不同的，观赏方式也需结合实际环境做出变化。例如，大门入口的花境一般尺度较大，多为单面或双面观赏花境；林缘花境多为带状布局，空间尺度大，花境尺度也相应较大，常设为单面观赏花境；路缘花境尺度设置较为灵活，一般转角地段花境尺度较小，可为对应式花境、单面花境或多面观赏花境等。

②尺度比例适宜原则。花境是根据场地来进行设计的，要从整个景观空间效果出发，与环境相协调，故而花境的用地尺度需要视使用空间的大小来确定。根据花境的整体尺度大小筛选花境植物，注重不同植物体量的大小均衡配置。植物的团块主要通过植物的数量和体量来构成。尺度对花境的整体视觉效果具有重要影响，一般大团块具有很强的视觉冲击感，群体观赏效果好。

在设计中，需要注意的是尖塔形竖向线条的植物团块尺度不能过大，不然会削弱竖向感，一般高度为团块宽度的 2 倍以上，最有利于表现竖向性状。圆形或方形等水平生长的植物可以占有较大比例，宽度和高度相当，突出植物水平线条感。植物种植间距也是把握尺度和搭配比例的一个重要途径。依据传统原则，尖塔形植物种植间距一般为自身植株高度的 1/4，竖向直立型丛生花卉种植间距一般为自身高度的 1/2，圆球形丛生花卉种植间距则为植物成熟的高度，攀援性的植物种植间距则一般为其成熟高度的 2 倍。但在实际应用中可以根据不同地域植株生长性状来进行调整，以保证花境整体比例的和谐均衡感。

③生态性原则。生态性的基本原则可概括为八个字——整体、协调、循环、再生，协调性和可持续性是其精髓所在。花境同样也追求可持续性的景观效果，因此在进行植物景观优化的时候，需要把生态性原则作为重点考虑的准则，从植物的生长环境出发，充分考虑场地的气候、土壤、光照强度等概况，按照植物习性确定适合的植物种类，因势利导。例如，林下花境大多选择耐阴植物；花色艳丽的植物多喜光照、耐旱，适合布置于受光地；水湿植物可以布置在坡度变化地带，利于排水等。只有充分掌握植物的生长特性，并进行合理配置，植物生态效能才能得到最大化体现。此外，应尽可能地丰富植物使用类型，花境植物多类型层级结构有利于植物群落的稳定、均衡，延续景观的观赏性。

（3）花境的优化策略

针对现存问题，本书对花境景观提出以下优化建议。

①景观形式层面的优化。结合场地现状调研、美学评价和景观偏好问卷分析来看，在景观形式层面上，花境景观普遍存在的问题如下：色彩不够鲜艳，不能激发人们的心理效应；部分花境存在花境层次搭配不当、平立构图较为呆板、景观效果差、花境季相变化不够丰富、缺少空间变化、与周边环境衔接不自然等问题。针对上述问题，本书提出以下优化策略。

a.加强色彩原理的运用，丰富景观色彩变化。

从景观偏好和评价上来看，观赏者反映最多的问题是花境的色彩不够鲜艳，吸引力不强；同时在调研中发现，部分花境没有进行色彩设计，色彩较为杂乱。因此在色彩选择上，应合理运用一定量的多年生植物和一二年生的草花，丰富整个花境的色彩基调。

此外，植物色彩主要表现在花色和叶色上，选用一定比例的彩叶植物也可增加花境色彩，且养护管理较易，不需要频繁更换。因此，对植物的花色和叶色景观效果和长效性进行综合考虑，合理搭配两者的应用比例，更能凸显花境色彩的表现力，改善色彩不够鲜艳的问题。

花境色彩较为杂乱的问题，可以通过合理运用花境色彩搭配原理来进行提升。花境色系的搭配应根据立地环境和分区承担的功能来确定。在入口、主干道、节点等开敞地带的花境应以热烈欢庆的暖色系搭配为主，如红、橙、黄等色，色彩明度和亮度较高，易吸引人眼球，营造温暖、热烈、欢庆的氛围。植物可以选择一串红、万寿菊、雏菊、报春花、石竹、松果菊、瓜叶菊、彩叶草、一品红、香蒲等。在安静休息区、建筑空间内环境、林缘草坪、滨水的空间中，花境则应以冷色系搭配为主，营造安逸、静谧的环境。采用冷色系植物可以延伸景观的空间感，使景观空间更为开敞明亮。植物可以选用栀子、鸢尾、翠芦莉、醉鱼草、冷水花、一叶兰、鼠尾草、蓝花丹等。

同样的，采用冷暖色系进行搭配调和的景观色彩更为丰富，而且，通过设定色彩的摆放位置可以营造出不同的空间感变化。此外，关于如何把这些色系进行搭配、调和以改善色彩杂乱的问题，按色系分类来看主要有以下几个方法。

第一，单色系调和。单色系就是植物景观中色彩组合为同色或相近色，这种色系一般运用于小尺度的花境或节奏韵律感较强的长花境中，花境的植物色彩跳动不会太大，色彩整体上协调度高，可以避免色彩出现杂乱的情况，但需要注意的是色彩要有深浅浓淡的变化，否则会显得较为单调。公园中的专类花境、小尺度的主题花境都可以选用单色系植物进行色彩配置，色彩组合上比较容易达到和谐统一。

第二，补色系调和。补色系色彩差异较大，通常表现出极端的、冲突的特性，但如果合理搭配对比色，也能形成一定的视觉冲击。这种色彩调和可以用在节点景观，有利于突出焦点，明确色彩的主次，但因为对比色彩冲击过强，配置过多会使人情绪波动过大，因此需按场合来进行合理布局，安静休息区应尽量避免此种色彩搭配。常用的对比色彩配置有红色＋绿色、黄色＋紫色、蓝色＋橙色等。

第三，多色彩搭配调和。多色彩的调和可谓是花境中运用最多且最难把控的，一旦调和不当，就很容易产生问题，从而出现色彩搭配杂乱的现象。因此，在配置多色彩花境时，一般会采用渐变色排列的处理方法，在排序时，按照色系冷暖进行排列，其间可穿插一些观赏草、观叶植物进行调和过渡，以此来使色系界限柔化。该类花境可以运用于多种场所，而其营造的景观色彩变化也是极为丰富的，采用渐变色搭配则可以有效进行调和。渐变色主要分为两种形式，即邻近色渐变和互补色渐变，配色模式较多，具体根据花境色彩凸显的主题和营造的氛围效果来进行选择，例如，可进行黄紫渐变、红黄渐变搭配等。

b.合理配置植物，彰显自然灵动。

花境的特色之一为组成的植物种类丰富，但如何配置才不显得呆板生硬是较难把控的，需要在考虑植物的高矮、花形、花色以及叶片的大小、质地、形状、观赏期等方面的基础上进行合理布局。总体上说，一个花境里面既要有异质性，又要体现整体统一性，要做到变化且富有自然气息。有些花境人工干预过多，把植物修剪为绿篱或圆球的造型，磨灭了植物生长呈现的自然属性，同一性很高而显得很呆板。有的植物配置在体量上悬殊较大，例如，一串红、万寿菊等低矮的植物后面直接布置直立型的美人蕉，缺少过渡，两者之间差距过于悬殊，协调性差。针对以上问题，可以利用组合配置的艺术表现手法进行优化，主要从统一与互补、对比与调和两个方面入手。

从统一与互补来看，植物选取要围绕主题花境风格进行布置，植物的姿态、色彩、质地上要有差异和变化，并对植物的观赏期进行较好的把控，相邻的植物团块在同一时期都具有观赏效果，植物组团之间设计花期的交叉，保证整体景观的延续性。植物在高矮搭配上要有规律，可以采用过渡渐进的排列，同时两种或以上植物并排时，遵循一种植物至少是另一种植物的 2/3 的高度差，从视觉上体现错落变化，使之更加自然和谐。植物观赏性可以利用花、叶的交替来进行延续，例如，以花为观赏物的植物可以搭配观叶价值高的植物，球根花卉与低矮地被植物进行搭配，避免观赏期过后地面裸露。同时，在以水平型植物为主的花境中点缀直立型的植物，可以避免植物形态过于相似，具有一定变化，提升整体的艺术美。

从对比与调和来看，主要基于植物的体量大小、色彩冷暖、质感等进行对比布置，利用植物高低搭配进行前中后景观的布局，使色彩明暗对比调和，突出景观空间层次和韵律节奏。同时，不同景观要素之间进行相互组合渗透，体现植物生长的动态美，赋予花境独有的组合魅力。

②主观感知层面的优化。调研发现，道路空间的花境景观运用较多，而突出的特性景观则较少，风格大多一成不变。从偏好研究上来看，多数景观对人的吸引力不强，亲和感较弱，无法深入人的脑海印象，因此需要在塑造不同景观空间和景观形象的地域识别性上入手。

a. 在花境景观周围创造停留空间。在场所中，停留空间的设置会给人以心理暗示，增强停留的愿望，人停留下来必然会有意识地对周围环境进行视觉探索，这会增强人对景观的感官体验，景观更易与人之间产生互动。因此，可以设置树池或结合花境轮廓设置休息凳，但需要注意的是，休息凳应尽量与场景相协调，不能过于突兀，破坏景观效果。除此之外，可以结合景观主题，在场景较大的花境中设置景观亭、廊等休憩空间，丰富景观的场景元素，使人们可以停留、拍照、休憩，增加空间的趣味性和参与性。

b. 打造特色标志景观。在花境的营造中需要有焦点景观，应基于植物的形态、色彩、尺度等方面进行设计。焦点可以是单株植物形成的焦点，也可以是几株植物组合形成的焦点，能构成花境的标志或中心即可。公众对于这些东西会形成一定的记忆或意识感知。

首先，特色景观的营造可以通过地域性植物、景观小品、植物文化等来进行表达。例如在重庆地区，小叶榕作为较有特色的代表植物，沙坪公园中的花境基本上在主景观中都会以小叶榕为重心，焦点景观明确，很有识别特征，同时，创造出来的景观更易使人产生共鸣。

其次，一些具有地域特色的植物可作为背景或配景穿插点缀其间，体现景观地域性。例如，重庆地区石材种类较为丰富，青石也是一大主产，可以用青石营造假山或作为岩石花境材料，如此打造出的植物景观既富有中国传统园林的意境又能彰显地域特色。

最后，植物文化有较为悠久的历史。人们在日常生活实践中，通过对植物的观察，对植物的色、形、味有了大量的联想，诗文也多以植物意境来表达自身情感，这些都是丰富的文化符号。因此，在花境中可以通过不同特征植物的组合，引发人们对植物的联想和感知，从而在人们脑海中留下印象，形成独有的景观特征。

3. 花丛

花丛，丛集而生的花木。将数目不等的植株组合成丛，根据花卉植物的高矮、株型以及冠幅的特点，合理地配植在草地、台阶边、路边、森林、岩缝、墙壁、河岸等地。其花卉品种选择自由，重在突出植物的自然趣味，由同一种或不同种类的植物杂交混种均可，一般来说，花丛是由外形相似的植物材料组成的。花丛的养护管理较为粗放，无镶边植物，常点缀于庭院角落、园路岔口、建筑物旁。

4. 花带

花带是一种条形的花卉种植形式，宽度一般为 1 米，长度为宽度的 3 倍以上。目前，花带在城市绿地中的应用较为普遍，可设置在道路中央或两侧、水景堤岸、建筑物墙基或草地上，形成色彩艳丽、装饰性强的连续景观。由于花带与花境的平面轮廓类似，应用场所也类似，所以二者的概念容易被混淆。

5. 花台

花台又称高设花坛，其种植床高于地面，通常用混凝土、石头、砖或木头等建材堆砌基座，内部填土种花，但种植面积比普通花坛小。花台一般有两种类型，分为规则式和自然式。规则式花台多用于规则式园林中，包括方形、圆形、椭圆形；自然式花台常见于自然式的中国古典园林中，结合立地环境灵活布置。在城市公共绿地空间中，为过渡地面和建筑之间的高差，花台主要应用于城市广场、台阶式建筑的正面或两侧以及住宅楼入口处的绿地。

（二）草坪

草坪指的是经人工改造之后的天然草地或是经人工栽植的草本植物所形成的能供人游玩、休息和适度活动的具有景观效果的坪状草地。在现代园林中，草坪不仅仅作为一处绿地发挥其生态方面的作用，而且可以根据不同的需求相应地表现出社会方面、经济方面和文化方面的输出作用。因此，现代草坪通常指能够超脱出普通绿地的局限，提供多方面用途的草坪植物的群生系统，是园林景观中的一个综合体系统。

1.草坪的分类

（1）按使用的功能性划分

按照使用的功能性对草坪类型进行划分，草坪可以分为休憩草坪、体育活动草坪、景观草坪和水土保护草坪四个类型。

①休憩草坪：可供游人进入开展玩耍、休息、聚会等活动的开放型草坪。一般选用耐践踏性强的草坪植物品种，面积和形状均没有特殊要求。养护成本较低。

②体育活动草坪：应用于专门体育类型活动、具有专门要求的草坪。根据所需进行的体育活动种类的不同会对草坪有不同要求，通常需要耐践踏性强、耐修剪、草地质地优良的草坪植物品种。养护成本较高。

③景观草坪：原则上禁止游人进入，只作为观赏景观使用的草坪。对所选草坪植物品种的观赏性有所要求，通常选用植株密集、绿期长、质地好的草坪植物。需要进行专门管理，养护成本较高。

④水土保护草坪：为防止水土流失而铺植在水岸、斜坡等地方具有防护功能的草坪。需要抗性好、适应性强、根系强健的草坪植物品种。

（2）按植物品种划分

按照使用的草坪植物品种对草坪类型进行划分，草坪可以分为缀花草坪、混合草坪和单纯草坪三个类型。

①缀花草坪：在主体草坪植物构成的草坪基础上，用一些景观效果好的草花植物进行搭配的草坪。

②混合草坪：指选用2种或以上的多年生草坪植物进行混合播种的草坪。

③单纯草坪：与混合草坪相对，主体只由一种多年生草坪植物组成的草坪。

（3）按与其他景观的搭配方式划分

按照草坪与园林中其他景观的搭配方式对草坪类型进行划分，草坪可以分为开朗草坪、空旷草坪、闭锁草坪、林下草坪、稀树草坪和疏林草坪。

①开朗草坪：指周围边界的 3/5 范围内没有其他园林景观遮挡视线、视野开阔的草坪。

②空旷草坪：指只在周边少量种植乔灌木或者完全不种植任何乔灌木、面积较大的草坪。这种类型的草坪具有开阔的视野和较大的面积，可用于各种户外活动使用，不足之处是没有可以遮阴的地方。

③闭锁草坪：指草地四周用高于视平线的园林景观将草坪或连续或断续的包围起来的草坪。通常包围草坪四周的景观带占草坪边界的 3/5 以上，并且屏障的景观带高度高于草坪整体长轴平均长度的 1/10。

④林下草坪：指草地中树木郁闭度高于 70% 的草坪。通常种植一些含水量高、耐阴性强的草坪植物。由于树木郁闭度高，林下空间有限且透光较少，不适合开放游人进入活动，这不仅容易损害树木生长，而且这类草坪选用的草坪植物通常不耐践踏，多以景观观赏和保护水土为主。

⑤稀树草坪：指草地中树木郁闭度在 20% ～ 30% 的草坪。这类草坪周围分布的乔灌木较少，游人可活动的空间较大，可开放供给游人进行散步、活动，也可以作为观赏型草坪使用。

⑥疏林草坪：指草地中树木郁闭度在 30% ～ 60%，种植有景观用高大乔木且相邻乔木植株间距在 10 米左右的草坪。这类草坪可供游人利用的面积相对较小，适合小型聚会，虽然提供了一定程度上的庇荫，但是在炎热的夏日庇荫率依然有所不足。

（4）其他划分方式

此外，草坪还有其他分类方式。如草坪还可以根据园林规划方式对草坪类型进行划分，分为规则式草坪和自然式草坪两种；还可以根据草坪绿期的不同对草坪类型进行划分，将其分为冬绿型草坪、夏绿型草坪和常绿草坪三种。

2. 草坪的规划

草坪的养护成本较为高昂，有研究表明草坪的养护费用平均每年达 12 ～ 15 元 / 平方米，与之相比，普通的树木只需要 4 ～ 6 元 / 平方米，而每平方米树木的生态效益高达每平方米草坪生态效益的 5 倍。因此，草坪规划工作应着力于降低草坪养护成本，同时避免不必要的草坪资源的浪费。

草坪的规划构建应尽可能形成集中紧凑的大面积草坪景观，这样不仅可以呈现强烈的景观效果，而且利于统一养护管理，能够降低人工管理养护的成本，同时大面积的草坪会使植物群落本身的环境适应性随之提高。与之相对的，零零散散的小面积草坪的自身抗逆性不强，不仅人工管理不便，而且不具备大面积草坪那种强烈的景观效果。

观赏性草坪和游憩型草坪应该在规划设计之初就明确具体的构建方式，如此才能有效地做出区分，减少游客将观赏性草坪误认为游憩型草坪而造成踩踏破坏的可能性。采用比较合理的方式将两种草坪类型直观地区分开而又不要过于僵硬，是保护观赏性草坪的有效方式。其中观赏性草坪规划与构建方式如表 5-1 所示。

表 5-1　观赏性草坪规划与构建方式

构建方式	具体举措	预期效果
草种的混合播种	以不同景观效果的草种在同一块草坪中进行配植构建	使草坪在颜色与质地上更加丰富
设计草坪地形	对草坪外形进行人性化设计，并赋予一定的高差变化，使整个草坪景观美化	让草坪空间更加美观，形成错落有致的空间景观
多种元素搭配	草坪景观与建筑、水体、花卉、树木和园林小品等相配合	使草坪景观更加丰富、立体，富有趣味性

（三）水景植物

1. 水边植物

紧靠水边的植物种植设计是水面空间的重要组成部分。水边植物与其他景观环境要素组合的艺术构图对水面景观起着重要的作用，它必须建立在耐水湿的植物材料和符合植物生态条件的基础上，方可获得理想的效果。

水边植物配植在平面构图上，不宜与水体边线等距离地绕场一周，而要有远有近，使水面空间与周围环境融为一体；立面轮廓线要高低错落，富有变化；植物的色彩不妨艳丽一些。这一切都必须服从于整个水平空间立意的要求。

2. 水生植物

水生植物的茎、叶、花、果都有观赏价值。种植水生植物可以打破景观环境水面的平静，为水增添情趣，还可以减少水的蒸发，改良水质。

（1）水体植物的配置原则

①因地制宜原则。我国幅员辽阔，地理位置不同导致地形、水文、气候、历

史等各个方面存在着较大差异，而水生植物的健康生长对地域的气候、土壤等条件有着严格的要求，故在选择水生植物进行某地区景观水体营造时，需综合考虑该地区各方面因素，切忌盲目借鉴其他地区优秀水生植物景观营造案例，导致所选择的水生植物因不适宜的气候、土壤、地形、水文而出现生长状况不佳的状况，造成水体的二次污染。本土水生植物适应性强、成活率高，可作为植物造景的首要选择；适当引种与本土适种植物搭配种植，可以在很大程度上提高水体的景观性与生态稳定性。

②生物多样性原则。水生动植物的多样性是体现水体景观营造水平的重要衡量标准之一。水体中的生物大致可分为脊椎动物、底栖动物、浮游生物和水生高等植物这四大生态类群。它们各自在水生生态系统中组成十分重要的生命单元，共同形成错综复杂、相互依存又互相制约的食物链、食物网关系，发挥着物质循环和能量流动的生态功能作用。

动植物丰富度越高，越能充分发挥其净化污染物的能力，提高整个景观的生态效益，由此增强水体抵抗外界干扰的能力；反过来，水生态环境的和谐又为生物的繁衍栖息提供了适宜的环境。两者相辅相成，从而形成一个生态结构稳定的优美的水体景观。

③生态可持续性原则。水生生态系统是水生动植物群落与水环境共同构成的一个动态变化的生态系统。要维持富营养化水体水环境的持续稳定，在水体植物景观设计前期就应该充分考虑水生植物的生态功能，合理选择水生植物配置。

水生植物一般以"沉水植物—漂浮植物—浮叶植物—挺水植物—湿生植物"的多层次结构进行配置，丰富的生物多样性可增强水体水生植物群落的生态稳定。在造境过程中，配置应充分考虑水生植物的生活习性、适宜水深等，在满足水生植物的生长条件的前提下，使整个水面景观错落有致。水生植物群落稳定，才能有效促进水生态的平衡，达到长久维持丰富的水生植物景观的目的。

④景观美学原则。利用水生植物造景的景观实践早在古代就已经开展。古人所欣赏的水景从水体形态上来说有湖、河、滩、渚、汀、溪、瀑、池、泉等，水生动植物的融入则能格外增添生趣。近几年来，人们更追求自然野趣的水岸景观，而水生植物最能体现野趣这种意境。水生植物作为形成水岸水景的主要元素之一，因植物种类、种植方式的不同，展现出水景的意境也各有其特点。

在造境过程中，需要注重水体、水生植物与周围陆生环境的协调，营造出充满韵律、诗情画意、适时而变的生态植物景观。单株姿态优美的水生植物，如水生美人蕉，可独立成景，或根据不同水生植物的特色有层次地搭配，以水生植物群落景观展现群体美。而群落的种植方式，可以将多种不同种类的水生植物进行搭配，增加净化水体的效率，从而在较短时间内恢复水体的生态与景观平衡，也可以避免单体水生植物分块种植的单薄与杂乱。高低错落的水生植物群落搭配，能够营造出层次分明、具有韵律感的水岸景观，意境更浓厚，视觉冲击力更强。

⑤功能性原则。水生植物具有与生俱来的吸收水体中N、P等营养物质的特点，并能为具有净化效益的微生物提供生存条件。通过水生植物的单体或群落的种植方式可以充分发挥水生植物景观与生态的优势，在营造水生态环境特色的基础上，达到比一般人工水体更高的水体自净能力。

（2）水生植物的种植形式

点、线、面是设计的基本要素，不同形态的水面均可以利用水生植物单体或群体通过点状、线性、面域这三种种植方式完成水体景观造景，而合理的水生植物配置能够营造出丰富多彩的水生植物景观。

①点状种植。点状种植即利用水生植物点景，这是中国传统园林造景中重要的技法之一。点景的水生植物通常在河流转折点或者视线聚焦点处设置；可单株成景，也可多株丛植，一般与岩石搭配成景；数量以少为宜，种类选择较为丰富；也可利用水面倒影，突出其立面效果。

②线性种植。线性种植形式一般是指沿水岸线种植水生植物，展现水生植物排列种植的节奏与韵律之美的种植形式。在配置时需要注意立面上水生植物高低层次的变化，做到疏密有致，使整个水岸空间虚实相间，切忌种植太密阻挡游人观赏水岸的视线。举例来讲，一些公园列植水生美人蕉、梭鱼草，布满了整个水岸线，景观效果较差，且生长过密，严重影响部分长势小、处于弱势的植物的生长状态。

③面域种植。面域种植形式一般以展现水生植物的群体美为主，重点表现水生植物的形态美与色彩美，如水生美人蕉、花叶芦竹等，且面域种植的种植面积较大，尤其是对于富营养化污染严重的水体可以达到较为迅速的净化效果。在该形式下，水生植物基本成片种植在水域的一角，不超过水面1/3的面积，这样可以避免种植面积过密而造成水生植物长势不好，影响对水面的观赏。

第三节　景观植物的造型与造景

一、景观植物的造型

（一）景观植物的造型分类

1. 植物雕塑

（1）绿色雕塑

绿色雕塑是指中小型尺度的，利用单株或几株植物组合，通过修剪、绑扎等园艺方法来创造的各种造型。绿色雕塑分为单体的绿色雕塑和复合造型的绿色雕塑，主要包括几何造型、自然造型、独干树造型、动物造型、奇特造型和藤本植物造型。

（2）盆景

盆景中的树桩盆景属于植物雕塑的一种，通过整形、修剪、蟠扎等造型手法创造富有诗情画意、源于自然又高于自然的艺术造型。盆景在咫尺之间表现广阔的自然，以达到小中见大的艺术效果。

2. 植物建筑

植物建筑是以绿色植物为主体材料，在地面以上建立起绿色空间的建筑形式，其中绿化部分的表达形式包括绿色屋顶、垂直绿化、空中花园和露台绿化带等。适宜的植物经过嫁接、组织培养、引导生长等方式巧妙地植栽到建筑之上并与建筑融合在一起，形成别具一格的植物建筑。这类建筑除具有建筑的固有属性外，还具有植物的功能，如改善局部气候、净化空气、吸收有害气体、吸声减噪等。

植物建筑的构建模式看似新颖，其实已有了很长的发展历史。随着建造工艺与园艺技术的不断提高，现代的植物建筑已不单单是泥草结构，增加了更多的技术与绿色元素，用来实现更多层次的功能需求。

3. 植物图案

植物图案是指大量利用修剪绿篱、草本植物以及配合其他一些诸如铺装、水池等景观要素组合而成的各式各样的图案或纹样，并由图案及纹样产生不同的观赏效果或寓意。主要的植物图案形式包括草坪图案、迷宫与迷园、节结园和植坛。

（二）景观植物的造型设计方法

1. 应物象形

应物象形是谢赫"六法"的基础理论，需要对客观物体的形态特征准确把握，并在充分理解客观物体形象的基础上，概述对象的"形状"。应物象形既要追寻与实物图像的相似性，又要在一定程度上美化原始形式，使其更符合当今社会的审美标准。

2. 骨法用笔

骨法用笔属于谢赫"六法"的技术类别，其中骨法有两个含义。首先，骨法表示骨骼和骨架，它在绘画中用于表示客观物体的基本结构与轮廓。其次，骨法是指用笔的基本方法，可称为笔法或手法。而植物建筑需要对大量植物进行修剪造型，由于和建筑物相似，故多以灌木、攀援植物为主。由此可以看出，植物建筑需要修剪和造型，恰恰与骨法用笔中的笔法有着相似之处。

3. 经营位置

经营位置是谢赫理论的总要。它是指在创作绘画构图时，在纸面和空间中合理布局，这是绘画美学的第一步。可见景观植物造型和景观规划布局与经营位置具有相似性。其构成要素与绘画的图像相同，必须合理规划和安排，并在景观植物布局上合理运用。当今常用的植物材料是乔木和花卉植物。在当前的景观设计中，对植物的形式和图案要求更加苛刻，即要求与景观空间和谐共生。

二、景观植物的造景

（一）景观植物造景的设计原则

1. 观赏性原则

植物景观的设计具有美化、提升环境的作用。植物的观赏性与植物自身的生长特性相关，植物的季相、色彩、冠层结构等都是植物景观着重考虑的因素。植物造景应注意植物间色彩的搭配，以植物花、叶等的变化体现四季的变换；注重常绿植物与落叶乔木的配比，增强冬季植物景观的观赏性；此外，还应注意开发设施中植物景观与其余部分植物景观的搭配性，从而达到整体景观效果的和谐。

2. 生态适应性原则

作为一种生态可持续的雨水利用策略，植物配置应遵循自然规律，从发挥绿地等地点的生态效益的角度进行配置。植物配置应根据地区气候、区域内的环境条件并结合植物自身的生态习性进行，确保植物正常生长，降低维护成本，构建具有生态性的景观。

3. 景观多样性原则

植物景观的多样性可由植物选择的多样性以及植物配置的多样性共同达到。设计师可根据不同场地的景观功能选取不同种类的植物，并进行平面及垂直结构上的搭配设计，形成不同的植物景观空间，并结合相关美学理论对植物景观进行疏密、韵律等层面上的设计，以提高整体景观的丰富度。

（二）景观植物造景的规划内容

设计师应做好景观植物造景规划：结合地区肌理特征，遵守景观感知理论、景观美学以及植物景观基本设计原则，对植物景观进行植物种类、植物景观季相、植物景观空间分布、植物群落结构的规划，以形成舒适宜人、满足功能需求、层次丰富、具有持续观赏性的地域植物景观风貌。

1. 植物种类规划

（1）骨干树种的确定

一个区域内的骨干树种是长期以来优胜劣汰的结果，对于该区域中树种群落之间的稳定性起到至关重要的作用，并且能展现出该区域的地域景观特色。一般情况下，骨干树种主要是指用作行道树及林荫树的乔木树种，必须选择能够适应当地气候与土壤条件、成活率高、维护成本低、生长健壮、美观、经济价值高、对保护环境能起到良好作用的本土植物当作骨干树种。

在经济条件允许的地区，可以在本土植物的基础上引进一些适合本地气候、观赏价值高的外来优秀植物，增强植物种类的可选择性，提升植物景观的多样性。

（2）速生树种和慢生树种相结合

速生树种因其成长速度较快，故能在短时间内发挥其生态保护功能及景观效果，相应地其寿命是相对较短的。慢生树种多选择常绿针叶树种和阔叶树。如在聚落周边配置杨树和柳树时，宜用雄性植物，减少飞絮污染。

（3）常绿植物与落叶植物的搭配

随着生活水平的提高，人们希望一年四季都保持良好的绿化效果，因此常绿植物在植物规划设计中应当占有一定的比例。特别是在北方地区，由于严寒持续时间较长，常绿树种的选择尤为重要，因此可以在公共空间节点或者道路两侧适当运用常绿树种增强冬季景观效果。

（4）结合当地文化，保留植物材料质感

我国的植物文化源远流长，人们往往托物言情。在不同地域文化背景下，植物经常有着不同的文化内涵，这种差异性是需要我们加以保护的。因此，在进行植物种类选择时，应注意结合当地文化。此外，植物的质感对于空间环境景观意境营造起到至关重要的作用。

2. 植物景观季相规划

中国的大部分地区四季分明，植物也具有明显的季相变化，呈现不同的季相景观效果。在进行植物景观设计时，应根据植物的季相变化选择合适的植物，充分利用它们特殊的颜色及变化，增强季节感，突出某一季节的景观效果，使观赏者对植物景观留下深刻的印象，引发情感的共鸣。

设计师可以根据不同的季节营造不同的季相景观效果，如人们常说的"春花，夏荫，秋实，冬青"。顺应自然规律，通过植物营造节律性变化的季相之美，可以让人们深刻地体会到植物的生命力和大自然的生机与变化。

对于植物景观季相效果的营造与植物的观赏部位、植物的观赏季节、植物的色彩、植物景观的感知途径等有重要关联。

（1）植物景观季相与植物的观赏部位

①季相观花植物。花是景观中重要的观赏部分，形态优美、颜色丰富，绚丽多彩的花色往往给人带来强烈的视觉冲击感。观花植物的搭配种植，往往能够极大地丰富各种景观。常见观花植物如表5-2所示。

表5-2 常见观花植物

花色	植物种类列举
白色	白玉兰、日本晚樱、刺槐、野蔷薇、贴梗海棠、梨花、紫叶李
黄色	黄刺玫、栾树、结香、迎春、连翘、臭椿、桂花
红色	绣线菊、桃花、樱花、月季、碧桃、榆叶梅、紫薇、石榴、木槿、凌霄
蓝色	紫玉兰、紫藤、木槿、紫丁香、毛泡桐、紫穗槐

②季相观叶植物。观叶植物主要分为春色叶植物和秋色叶植物，如表 5-3 所示。

表 5-3　常见观叶植物

观叶季节	植物种类列举
春季	石楠、七叶树
秋季	银杏、枫杨、南天竹、日本晚樱、臭椿、黄栌、三角枫、鸡爪槭、栾树、爬山虎、紫丁香、柿树、石榴、紫薇、连翘、楸树

③季相观果植物。果实带给人们的是感动、是收获，因此也是植物景观设计中重要的一部分。观果植物主要是欣赏果实的颜色。植物果实多呈黄色和红色，部分植物果实呈现白色、黑色、紫黑色等，如表 5-4 所示。

表 5-4　常见植物果实颜色

果实颜色	植物种类列举
红色	白玉兰、火棘、栾树、石榴、枸杞
黄色	苦楝、柿树、雪松、泡桐、金橘、银杏
黑色／紫黑色	小叶朴、稠李、金银花

（2）植物景观季相与植物的观赏季节

独具特色的季相景观主要是由四季景观的变化所构成的，而这种变化主要表现为春花、夏绿、秋收、冬藏。

春季，植物刚刚抽丝发芽，更多的乐趣是观赏花。夏季，各类植物枝繁叶茂，入眼的是一片翠色。秋季，开花植物相对较少，观叶和观果成了主要的观赏活动。冬季，开花植物变得极少，开花结果的植物更是只占极少数。基于此种变化特点，应该尤其重视春季和秋季的季相景观营造。

①春季植物景观以花取胜。三月中旬以后，植物开始陆陆续续开花。常见春季开花植物如表 5-5 所示。

表 5-5 常见春季开花植物

植物类型	植物种类列举
乔木	石榴、紫穗槐、紫叶李、桃树、樱花、梨树、海棠、泡桐、刺槐、玉兰、碧桃、榆叶梅
灌木	迎春、连翘、紫丁香、紫藤、野蔷薇、月季、棣棠
地被	羽瓣石竹、鸢尾、红花酢浆草、麦冬、美人蕉、佛甲草

②秋季植物景观主要是观果观叶，观花为辅。常见秋季观赏植物如表 5-6 所示。

表 5-6 常见秋季观赏植物

植物类型	植物种类列举
观叶	银杏、枫杨、南天竹、臭椿、黄栌、三角枫、爬山虎、石榴、柿树、紫丁香、洋槐
观果	柿树、石榴、山楂、火棘、桂花、栾树、银杏、臭椿、紫薇、枇杷、木槿
观花	松果菊、玉簪、萱草、麦冬、绣线菊、石竹、假龙头、月季、美丽月见草

（3）植物景观季相与植物的色彩

植物景观欣赏最直接、最敏感的就是植物的色彩。在植物景观营造中，色彩不仅可以使植物景观变得丰富多彩，而且可以给观赏者带来情绪上的变化。

园林中的色彩通常通过植物的花、叶、果实、枝干表现，常见的色彩有红色、橙色、黄色、绿色、蓝色、白色等，如表 5-7 所示。不同的色彩通常会给观赏者带来不同的视觉感受，空间本身氛围、空间尺度、比例等也会因为不同颜色的运用而得到凸显或模糊。

表 5-7 常见颜色的色彩表现及对应植物

颜色	色彩情感	植物种类列举
红色	颜色艳丽、热情，极度具有注目性、透视性和美感	花色为红色的植物有月季、红花美人蕉、孔雀草、石竹、虞美人、杜鹃、山茶等；果实颜色为红色的有南天竹、山楂、枸骨等
黄色	给人光明、灿烂、生机之感，象征希望、快乐	迎春、连翘、棣棠、黄花美人蕉、菊花、向日葵、黄菖蒲等；黄色干皮植物有黄金间碧玉竹等
橙色	具有明亮、华丽、健康、温暖、活力之感	菊花、金盏菊、旱金莲、孔雀草、万寿菊、萱草等
蓝色	典型的冷色系，具有沉静、空旷、冷静之感	瓜叶菊、矢车菊、桔梗、鸢尾、绣球花、蓝花鼠尾草等
绿色	植物及自然界中最普遍的色彩，是生命之色，给人宁静、青春、富有生命力之感	大部分植物的叶色都是绿色，根据其深浅程度不同又可以分为嫩绿、浅绿、鲜绿、黄绿、蓝绿、墨绿等
紫色	高明度的紫色象征对光明的理解，具有优雅之美；低明度的紫色具有神秘感，令人冷静、沉思	紫色花植物有紫花地丁、紫藤、石竹、美人樱、三色堇等；紫色叶植物有紫叶李等
白色	白色象征纯洁、干净、纯粹，给人明亮、爽朗、清晰的感觉	白色花植物有白玉兰、茉莉花、刺槐等；白色干皮植物有白千层等

色彩情感具体可分为温度感、距离感、运动感、重量感。

①色彩的温度感。红色、橘色、黄色等暖色系会带来温暖、热情、热闹之感，蓝色、白色等冷色系会给人带来冰冷、冷静之感。绿色、紫色属于中性色。在植物景观的营造过程中，应根据场地功能要求和环境的条件，选择不同的色彩营造不同的植物景观氛围。例如，在春天和冬天，尽量选择暖色系植物，缓解空间的清冷氛围；在炎热地带，多选用冷色系植物，以平衡和满足人们的心理需求。

②色彩的距离感。暖色系会带来接近的感觉，冷色系则会带来远离的感觉。一般在庭院空间和部分街巷空间较小的地方，可运用冷色系植物或纯度小、体量小、质感比较细腻的植物以缓解空间过于狭小产生的拥塞之感。

③色彩的运动感。暖色会伴随强烈的运动感，使观赏者思维活跃；冷色则会给人宁静、深思感。在节日期间或者在文化娱乐场地、广场入口区域等重要地段，

可以以暖色为主题进行景观营造，以此来表现热闹活跃的氛围。在严肃或安静休闲区域，如在宗祠、寺庙、乡间小道周围，可布置冷色系植物营造庄重、恬静、舒适的景观氛围。

④色彩的重量感。色彩的重量感，受颜色的明度和纯度的影响较大。色彩明度高会感觉轻盈，色彩明度低则会感受到沉重；对于同一色相而言，颜色纯度高感觉比较轻，颜色纯度低会感觉比较重。例如，在建筑物的根基处，一般选用色彩浓重的植物来增强建筑的稳定感。

设计师在进行植物群落设计时，需要将不同色彩、不同花期的植物搭配种植，使场地在不同时间产生不同的植物景观效果，如通过合理的植物景观配置，呈现四季颜色交替的景象，从而体现出景观的节奏感和韵律感。具体在设计时应着重注意以下事项。

第一，符合异同整合的原则。在进行植物组构时，需要在色相、纯度以及明度等方面注意相异性、秩序性、联系性和主次性等艺术原则。

第二，景观设计具有一个主题，而不是杂乱无章。植物色彩的运用应该基于突出主题或是衬托主景。

第三，根据色彩体现出的"情感"，结合场地空间大小以及所要表达的主题，运用植物色彩营造合适、恰当的空间氛围。

（4）植物景观季相与植物景观的感知途径

人们对于事物的观察总是从感官活动开始的——植物的颜色和形态会带来视觉上的体验，植物发出的声音会带来听觉上的体验，植物的气味则会带来嗅觉上的体验。在景观设计过程中，人们往往对视觉影响因素关注较多，但也可以通过其他感知途径进行植物景观季相设计。嗅觉感受多源于植物本身，如同春天的桃李芬芳、夏日的荷香袭人、秋季的丹桂飘香、冬季的暗香浮动一样，植物的气味也展示着四季之景的不同。

3. 植物景观空间规划

植物景观的空间规划设计，是在明确了景观方案中场地的位置、大小、类型，划分了场地功能区、交通流线，确定了整体景观结构布局的情况下，对场地的植物空间进行的规划设计。在此阶段，需要确定主景与配景植物的种类与位置，通过具化而细致的物质空间设计来实现功能与主题。

乔木是木本植物，植物景观的综合功能显著，可构成植物空间的骨架；灌木相比于乔木来说整体冠幅偏小，形状多为丛生状，树冠多占据的是植物空间结构内的中下空间，能对人的活动空间加以限定，起到分隔空间的作用，也可对人的视线形成一定阻隔；草本植物较为低矮，具有一定的视线阻隔作用及观赏价值。

（1）开敞植物空间

植物的开敞空间是指植物在绿地范围内形成的开放的空间，在人的视线范围内几乎没有或稍有植物进行遮挡；或是在设计时，上层种植少量乔木，但不对空间产生遮挡的作用，在种植的下层结构上，利用草本植物、较低的灌木以及地被植物对场地进行空间构建所形成的空间。开敞的植物空间带给人的整体感较强，空间具有开敞、通透的感觉。

①配置模式。开敞空间的植物组合有四种配置模式，即单一地被式、地被＋草本花卉式、地被＋高大乔木式、地被＋草本花卉＋高大乔木式。

②场地景观功能。在绿地中存在两种类型的开敞空间。第一种是开敞草坪空间，人们在草坪空间中可以有一定的活动参与，能增进人们的情感交流；同时，整体性的植物种植或者乔木的孤植，可以带给人们整体、通透的空间感。第二种是结合水面设计的开敞空间，而开敞水面空间以休闲效果为主。

（2）半开敞植物空间

半开敞植物空间是指植物对于种植垂直面具有一定阻隔作用或封闭作用的空间，人在空间内部视线并不完全通透。半开敞性的植物空间对人的视线具有一定的指引作用，对视线较为通透的地方作为整体空间景观效果较好的部分加以引导。半开敞植物空间在植物的上层结构中，多采用乔木搭配的形式，中层结构采用灌木、较高草本植物单一或混合类型搭配的形式，植物的下层空间多为低矮型草本与地被种植的形式。半开敞植物空间可以起到一定的空间过渡作用。

①配置模式。半开敞空间的植物组合有三种配置模式，即乔木＋灌木式、乔木＋灌木＋草本植物式、乔木＋草本植物式。

②景观功能。半开敞植物空间在小尺度绿地中应用较多。首先，半开敞植物空间所在的场地多具有一定的景观休闲作用，人们可在其中活动并做停留；其次，半开敞空间场地内部多有景观的焦点，或与水景结合，或利用其他景观要素形成主要观赏效果。

（3）覆盖植物空间

植物的覆盖空间是指在植物上层空间中乔木种植较为浓密、植物树冠较大、植物在上层结构形成了一定的覆盖作用，其植物形成的顶面空间是封闭的。人视线的通透程度取决于中下层植物景观的配置。覆盖植物空间的上层结构中多选用高大乔木，人在空间内可自由活动。

①配置模式。覆盖空间的植物组合有两种配置模式，即乔木＋草坪式、乔木＋草本花卉＋草坪式。

②景观功能。覆盖空间在小尺度绿地中的应用大致有两种。一种是植物形成的林下廊道式空间，适用于中心绿地以及面积较大绿地的植物景观设计。另一种是林下的活动型空间，适用于广场周边绿地、中心绿地等的植物景观设计，通常与休闲型的空间结合，人能够在此长时间停留。

（4）垂直植物空间

植物垂直空间是指植物在垂直面封闭但植物顶面空间开放的植物空间模式。

①配置模式。在植物的种植形式上多采用列植的种植手法，多在两侧形成封闭的植物空间。在此种情况下，空间整体的进深感增加，空间内具有较强的方向指引性。人在其中有较强的围合感。

垂直空间的植物组合有三种配置模式，即圆锥状乔木＋草坪式、圆锥状乔木＋高大灌木＋草坪式、高大灌木＋草坪式。

②景观功能。垂直空间在小尺度绿地中多应用在较为稳重的广场空间以及道路空间中。植物的垂直空间中所形成的纵深空间具有一定的视线引导作用，同时植物空间的骨架较为清晰、明确。

4. 植物群落结构规划

植物群落是植物景观构成的基本单元。根据场地空间尺度、功能以及空间体验的不同，植物群落结构也趋于多样化，主要包括乔木单层结构、草本地被单层结构、灌木与草本地被植物的双层结构、乔木和地被植物双层结构以及乔灌草复层结构等。

①乔木单层结构：对于乔木而言，单独进行植物景观营造时，因其冠幅较大、姿态优美、分枝点较高，往往在路口或者其他入口进行孤植以作为视觉焦点增强空间的可识别性，或在道路两侧种植增强视线的延伸感、运动感，或在广场中形成林荫空间，利用树冠形成顶界面作为夏日的遮阴屏障，林下仍然可以作为活动空间。这种结构在乡村中尤为适用。

②地被植物单层结构：地被植物因其高度较低，往往只是在空间边界上起到限制作用，四周则保持视线通畅、外向。地被植物的体量较小，且不需要宽阔的生存空间，因此该种植物群落结构应用于较为狭窄的区域，如乡村中狭窄的街巷空间或者宅旁空间。

③灌木和地被植物双层结构：低矮的灌木和地被植物形成开阔空间，适用于

宅前街巷空间和绿化面积较大的空间。相较于单层地被植物，灌木和草坪形成的植物群落层次丰富，更能吸引观赏者的关注。

④乔木和地被植物双层结构：树冠顶部与地被植物之前存在较大的空隙，视线通透，是最常见的植物群落结构，常应用于绿化比较集中的公共空间以及绿化宽度相对充足的道路、河渠两侧。在建筑分布较为集中、封闭的环境，该种植物群落更能形成视线通透景观。

⑤乔灌木复层结构：由于植物群落空间层次丰富，植物类型多样，这种结构往往会成为视线焦点，成为空间的标识物。因其植物群落层次丰富，视线较为封闭，且对绿化空间面积有一定的要求，常应用于广场外围代替构筑物形成空间边界。

第六章 现代景观水体的建筑技术

景观水体是现代建筑中十分重要的组成部分,对于建筑具有十分重要的分隔、美化作用。本章分为水体景观的吸引功能、水体景观的规划设计、建筑与水体景观的形象整合三部分,主要包括水体景观的形状吸引功能、水体景观的音响吸引功能、水体景观的影与色吸引功能、水体景观规划设计的理论基础、水体景观规划设计的原则、国内外水体景观规划设计进程等内容。

第一节 水体景观的吸引功能

一、水体景观的形状吸引功能

地球上水的分布多以各种不同形状的地理实体表现出来。海洋、江河、湖泊、瀑布、涧溪、泉水等都是由一定的形态实体来承载的。

(一)水体的分类

水体大致存在四种自然形态,这四种形态为水体景观设计的物理基础。

①喷水。水体因压力而向上喷,从而形成各种各样的喷泉、涌泉、喷雾等,总称"喷水"。

②跌水。水体因重力而下跌,高程突变,形成各种各样的瀑布、水帘等,总称"跌水"。

③流水。水体因重力而流动,形成各种各样的溪流、漩涡等,总称"流水"。

④池水。水面自然,不受重力及压力的影响,称"池水"。自然界不流动的水体,并不是静止的。它因风吹而起涟漪、波涛,因降雨而得到补充,因蒸发、渗透而减少、枯干,因各种动植物、微生物的参与而污染或净化,无时无刻不在进行生态的循环。

（二）水体景观的人工形态分类

随着人类社会技术和艺术的进步，水体景观的人工形态可大致分为以下几种。

①水池喷水。这是水体景观最常见的人工形态。建筑时，设计水池，安装喷头、灯光、设备；停喷时，是一个静水池。

②旱池喷水。其喷头等隐于地下，停喷时是场中一块微凹地坪，适用于广场、游乐场，缺点是水质易污染。上海人民广场和普陀长寿路绿地"水钢琴"是典型例子。

③浅池喷水。其喷头置于山石、盆栽之间，设计师可以把喷水的全范围做成一个浅水盆，也可以仅在射流落点之处设几个水钵。美国迪斯尼乐园有座间歇喷泉，由 A 定时喷一串水珠至 B，再由 B 喷一串水珠至 C，如此不断循环、周而复始。

④舞台喷水。舞台喷水应用于影剧院、跳舞厅、游乐场等场所，有时作为舞台前景、背景，有时作为表演场所和活动内容。这里设有一个小型的设施，水池往往是活动的。著名的有美国电影《出水芙蓉》中的舞台喷水。

⑤盆景喷水。盆景喷水多摆放于家庭、公共场所，大小不一，往往成套出售。此种以水体为主要景观的设施，不限于"喷"的水姿，而易于吸取高科技成果，做出让人意想不到的景观，很有启发意义。

⑥自然喷水。其喷头置于自然水体之中。如济南大明湖、南京莫愁湖及瑞士日内瓦湖中的百米喷泉。

⑦水幕影像。上海城隍庙的水幕电影，由喷水组成 10 余米宽、20 余米长的扇形水幕，与夜晚天际连成一片，在电影放映时，人物驰骋万里，来去无影。

当然，除了这七种类型景观之外，还有不少奇闻趣观。

（三）中西方水体景观吸引功能的差异

在不同哲学和美学思想的支配下，由于历史和文化背景的缘故，中西文明在水体景观的设计上对于水的形状吸引功能认识有着或多或少的差异。理解二者思想产生的不同历史文化背景和差异原因可以更好地把握现代水体景观的设计理念。

①人工美与自然美的差别。中西方水体景观从形式上看差异非常明显。西方水体景观所体现的是人工美，不仅布局对称、规则、严谨，就连水边的花草都修整得方方正正，从而呈现一种几何图案美。从现象上看，西方水体景观主要是立

足于用人工方法改变其自然状态。中国水体景观则完全不同,既不求水体景观的轴线对称,也没有任何规则可循,相反却是山环水抱,曲折蜿蜒,不仅花草树木任自然之原貌,即使人工建筑也尽量顺应自然而参差错落,力求与自然融合,"虽由人作,宛由天开"。

②人化自然与自然拟人化的差别。既然是水体景观的设计,便离不开自然,但中西方对自然的态度很不相同。西方美学著作中虽也提到"自然美",但这里的"自然美"只是美的一种素材或源泉,自然美本身是有缺陷的,非经过人工的改造,便达不到完美的境地,也就是说,自然美本身并不具备独立的审美意义。黑格尔在他的《美学》中曾专门论述过自然美的缺陷,认为任何自然界的事物都是自在的,若没有自觉的心灵灌注生命和主题的观念性统一于一些差异并立的部分,便见不到理想美的特征;"美是理念的感性显现",所以自然美必然存在缺陷,不可能升华为艺术美。而水体景观的组景是人工创造的,理应按照人的意志加以改造,才能达到完美的境地。

③形式美与意境美的差别。由于对自然美的态度不同,反映在水体景观融景艺术上的追求便各有侧重。西方造园组景虽不乏诗意,但刻意追求形式美;中国造园组景虽也重视形式,但倾心追求的是意境美。

西方人认为,自然美有缺陷,为了克服这种缺陷而达到完美的境地,必须凭借某种理念去提升自然美,从而达到艺术美的高度,也就是一种形式美。早在古希腊,哲学家毕达哥拉斯就从数的角度来探求和谐,并提出了黄金率。罗马时期的维特鲁威在他的《建筑十书》中也提到了比例、均衡等问题,提出"比例是美的外貌,是组合细部时适度的关系"。文艺复兴时期达·芬奇、米开朗琪罗等人通过人体来论证形式美的法则。而黑格尔则以"抽象形式的外在美"为命题,对整齐一律、平衡对称、符合规律、和谐等形式美法则作抽象概括。于是,形式美法则就有了相当的普遍性。它不仅支配着建筑、绘画、雕刻等视觉艺术,甚至对音乐、诗歌等听觉艺术也有很大的影响。因此,与建筑有密切关系的园林更是奉之为金科玉律。西方园林那种轴线对称、均衡的布局,精美的几何图案构图,强烈的韵律节奏感都明显地体现出对形式美的刻意追求。

④必然性与偶然性的差别。西方遵循形式美的法则,刻意追求几何图案美,必然呈现一种几何制的关系,诸如轴线对称、均衡以及确定的几何形状(如直线、正方形、圆、三角形等)的广泛应用。尽管组合变化可以多种多样,但仍有规律可循。西方既然刻意追求形式美,就不可能违反形式美的法则,因此水体景观的

各组成要素都不能脱离整体，而必须以某种确定的形状和大小镶嵌在某个确定的部位，于是便显现出一种符合规律的必然性。

中国水体景观走的是自然山水的路子，所追求的是诗画一样的境界。如果说它也十分注重造景的话，那么它的素材、原形、源泉、灵感等就只能到大自然中去发掘。越是符合自然天性的东西越包含丰富的意蕴。因此，中国水体景观的形状设计带有很大的随机性和偶然性。不但布局千变万化，整体和局部之间也没有严格的从属关系，结构松散，没有什么规律性，甚至许多景观藏而不露，"曲径通幽处，禅房花木深""山重水复疑无路，柳暗花明又一村""峰回路转，有亭翼然"，这都是极富诗意的境界。

中西方相比，西方的水体景观及其融景手法以精心设计的图案构成显现出其内容体现的必然性，而中国的水体景观在园林中所组成的许多幽深曲折的景观往往出乎意料，充满了偶然性。

⑤明晰与含混的差别。西方水体景观的组景手法主从分明，重点突出，各部分关系明确、肯定，边界和空间范围一目了然，空间序列段落分明，给人以秩序井然和清晰明确的印象。主要原因是西方追求形式美，遵循形式美的法则，显示出一种规律性和必然性，而但凡规律性的东西都会给人以清晰的秩序感。另外，西方人擅长逻辑思维，对事物习惯于用分析的方法揭示其本质，这种社会意识形态极大地影响了人们的审美习惯和观念。

中国水体景观设计讲究的是含蓄、虚幻、含而不露、言外之意、弦外之音，使人们置身其内有扑朔迷离和不可穷尽的幻觉，这自然是中国人的审美习惯和观念使然。和西方人不同，中国人认识事物多借助于直接的认识，认为直觉并非感官的直接反应，而是一种心智活动，一种内在经验的升华，不可能用推理的方法求得。中国水体景观的形状造景借鉴了诗词、绘画，力求含蓄、深沉、虚幻，并借以求得大中见小、小中见大、虚中有实、实中有虚、或藏或露、或浅或深的意境，从而把许多全然对立的因素交织融会，浑然一体。

二、水体景观的音响吸引功能

水体受到外力冲击或自身自上而下的流动会产生各种不同的音响、如湖浪的击岸声、巨涛的哗哗声、瀑布的轰鸣声、泉水的淙淙声。这些水体运动或流动所形成的音响，让人获得听觉美的享受。《高山流水》《雨打芭蕉》等名曲就体现出了水体景观的魅力。

三、水体景观的影与色吸引功能

水作为一种无色透明液体，万物落入其中都会有倒影。水上水下、岸上岸下、桥上桥下，实物虚影彼此交相辉映，构成了一部水体景观交响乐。水中月、镜中花，历来是文人墨客描述的对象。

尽管水体本身是无色的，但是透入水中的光线，受水中悬浮物以及水分子的选择吸收和选择散射的合并作用，水中可呈现不同的颜色，这些水的色彩变幻与多姿多彩，使水体景观色彩更富魅力。实际上，世界上的海水多是蓝色的，但是也有许多不同色彩的海洋。例如，我国有黄海，它是因含泥沙过多形成的；国外有"红海"，它是因为表层繁殖的蓝绿海藻死后变成红褐色而形成的；此外还有叫"白海"的，因海水一年有大半年时间被冰层覆盖，使海水常年一片银白。总结而言，水体的色相变化也是水体景观具有吸引力的主要因素。

第二节　水体景观的规划设计

一、水体景观规划设计的理论基础

（一）人居环境理论

人居环境是人类利用和改造自然的主要场所，包含人类生产功能、生态功能、生活功能的空间环境。人居环境科学是研究人类聚集空间与所处自然环境二者之间交互关系的科学，包含乡镇和城市空间在内。将人居环境视作整体，从政治、经济、文化、自然、社会、生态等层面进行全盘研究，目的是客观掌握人居环境的发展脉络与逻辑规律，致力于构建更加适宜人类居住的环境体系。

人居环境作为文化景观的载体，是涵盖多重类型乡村元素的有机综合体，包含建筑、水体景观、植物景观、地域文化、地理脉络等方面。研究水体景观可进一步提升人居环境适宜度，对人居环境的改善具有重要意义。

（二）乡村规划学

《中华人民共和国城乡规划法》中界定了乡村规划包含乡规划和村庄规划，其中，乡规划空间为包括集镇在内的乡域，村庄规划空间包括村庄在内的村域。乡村规划管理是乡村发展建设与综合治理的龙头，是乡村政治、经济、文化、社会等目标可持续发展的总体部署。乡村规划应在乡村现有资源条件基础上，以经济发展为建设中心，以提高乡村效益为主要前提，有目标、有计划地进行科学规划，制定适宜乡村地区的战略发展目标和具体措施。当前研究主要集中在乡村经济发展、乡村国土空间建设、乡土地域文化、乡村旅游几个方面。

乡村水系是乡村公共的绿色开放空间，水资源是影响乡村聚落最直接、最深刻的自然因素，水环境既是乡村生态景观的源脉又是乡村生产、生活的物质基础。

乡村水体景观规划设计应以乡村规划学为指导，以乡村社会、经济发展的总体目标为前提，通过对土地利用、景观格局与生态过程关系的综合性研究，将乡村生态空间与社会、人类关系进行良性互动，规划设计乡村—人类—水域环境相互依存、共生发展的乡村水体景观。同时在设计时还应考虑不同类型的水体景观的承载功能，将其综合效益最大化。

（三）景观生态学

景观生态学涉及地理学、生态学、经济学、生物学等多种学科，作为生物生态学与人类生态学之间的桥梁，主要研究宏观尺度上景观类型的空间格局和生态过程的相互作用及其动态变化特征，对景观多样性、景观生态安全格局和景观多重功能等方面的影响。中国学者当前研究的重点领域与特色主要表现为：土地利用格局与生态过程及尺度效应、城市景观演变的环境效应与景观安全格局构建、景观生态规划与自然保护区网络优化、干扰森林景观动态模拟与生态系统管理、绿洲景观演变与生态水文过程、景观破碎化与物种遗传多样性、多水塘系统与湿地景观格局设计、稻—鸭/鱼农田景观与生态系统健康、梯田文化景观与多功能景观维持、源汇景观格局分析与水土流失危险评价十大方面。

水体景观规划设计应结合景观生态学理论，首先应维持水域的连通，构建景观生态网络，维持生物多样性，保障区域生态安全格局；其次，将技术手段应用于景观塑造，引入海绵城市、雨洪管理的先进经验，可在净化水质的同时成为生态自然的可观赏资源，增强景观的自组织性；最后，要将社会空间系统与人文精神需求进行契合，建立社会—生态相融合的韧性机制，发挥水体景观的综合职能。

（四）环境心理学

环境心理学是研究环境（包括物理环境、物质文化环境）与人的心理和行为（包括行动、经验）之间关系的一个应用社会心理学领域。它是从工效学和工程心理学发展而来的，从研究人与工作、人与工具之间的交互关系，发展为研究人的行为方式与环境、人的行为方式与空间之间的交互关系，以便于在人居环境规划设计时，结合人类的心理、行为需求，为当前景观规划设计提供更多元化的可能。

水网纵横的自然生态特点是制衡和影响空间构成、景观分布的因素之一，与社会经济结构和人居方式有机结合，为人类活动提供优质的环境基础。在进行水体景观规划设计时，结合环境心理学分析人的行为模式与物质空间的交互关系，一方面可了解使用人群的真实反馈，以人为本进行景观设计，真正满足人民需求，丰富其景观使用体验；另一方面可进行前期预判，结合景观建设对人的行为进行约束，保护生态环境的健康与可持续发展。

（五）园林美学

园林艺术以园林物质实体（总体布局、空间排列、体形色彩、节奏韵律、材料质感等园林语言）为载体，形成特定的艺术形象，以展示当代社会的时代风貌和物质文化精神。园林美学是在此基础上研究审美特征和规律的学科，从社会学、心理学、哲学的角度，剖析园林艺术与其他艺术的互通点和差异性，找寻其本质特性，揭示影响园林艺术创作的客观因素。园林美的涵义包括人化自然、自然美、社会美、艺术美、整体美。

水体景观在漫长的历史进程中，依据各地不同的风俗习惯和地域文化，演化为不同类型的水体景观。设计师可运用园林美学的方式，将风土人情和地理环境等作为研究要素，分析各区域水体景观构建动因，对各类景观元素进行糅融，从而提炼适宜于当地的水体景观营建策略，形成因地制宜、赏心悦目的水体景观。

二、水体景观规划设计的原则

（一）保证生态性与功能性

保证景观可持续与使用功能是水体景观规划设计过程中的基本要求。水体景观在具有装饰作用的同时，对于环境具有协调空间、改善生态、亲水娱乐等功能。设计师在设计过程中应尽力完善、整合水与各个景观要素间的关系，在不影响其使用功能的前提下，最大化利用水元素功能性。在水体景观的生态性上，应仔细分析原始景观地区的生态关系，有选择性地使用水体景观。可巧借水体景观对小气候的调节功能，改善设计对象的生态圈，实现可持续设计。

（二）环境整体协调

水元素与景观设计中的其他元素一样，属于环境整体的元素之一。在设计水元素过程中，不应过多地将水体等作为设计主题，而忽略了环境的整体统一性。在实际设计中，设计师要客观、深入地研究设计对象，得出限制因素与可控条件，有取舍地采用水元素设计，协调水体景观相关设计与整体设计中的尺寸、形态、精神传达等方面的关系，以构成丰富多样、相辅相成的和谐环境。

三、国内外水体景观规划设计进程

（一）国外水体景观规划设计进程

纵览国外水体景观规划设计的发展历程，西方国家因有着不同的历史文化、社会制度和经济需求，故在水体景观的规划设计理念和水环境文化的解读上，与东方国家有着显著差异。简言之，国外注重科学、生态技术在水体景观规划设计中的运用与研究。其中国际上水体治理及修复较成功的国家以日本和一些欧美国家为代表，它们对生态修复治理研究较早，技术相对成熟，且有不少水体修复实践，如密西西比河、莱茵河、科罗拉多河等。就欧美水体景观规划设计发展历史而言，其可大致分为规划、开发、利用三个主要时期，如表6-1所示。

表 6-1　欧美水体景观规划设计发展历史

时　间	详细描述
18 世纪中期至 20 世纪初期	工业及水上运输业兴盛，水体景观设计的昌盛时期
20 世纪初期至中期	由于其他运输方式兴起，导致水运衰退；同时工业化造成了环境污染，水体景观设计处于衰弱时期
20 世纪中期以后	在环境运动和历史保护运动的联合促进下，水体景观设计复兴，形成了水体景观规划设计的再开发利用时期

1.德国水体景观规划设计进程

20 世纪 70 年代，德国在法治框架下，通过《水法》对水事进行综合治理，提出依据可持续性原则，协调水体使用与保护之间的关系，遵循自然水循环的本质特征，来调整环境保护相对于经济和社会的传统不平衡地位，从而确保德国人民的环境权与发展权。20世纪80年代，德国以"重新自然化"的理念，在水体景观规划设计的过程中，强调美学需求、生态保护与文化传承。伊萨尔河滨水景观设计者在长达15年的实践研究中，探索水体景观生态与社会价值从冲突走向协同的潜力，将高度渠化的河流转换为高效的生态空间和充满活力的社会空间，使生态过程与社会活动在有限的空间内得到协调。

2. 荷兰水体景观规划设计进程

荷兰的城镇发展与水相伴相生，其控制水量的水利工程技术与经验闻名于世。20世纪20至30年代，北部围海、防洪、造田项目须德海工程以工程手段拦坝蓄水进行土地开发，兴建运河进行交通运输。但由于对生态的忽视，在20世纪70至90年代改用考虑生态影响的活动闸门，通过"三角洲工程"提高堤防标准，建设开发城镇滨水区。随后荷兰进一步探索以"水土整合"的生态措施调节城镇建设与自然关系的思路，提出"还河流空间"的新理念。在历次洪涝灾害的应对中，荷兰水治理经历了从早期依靠工程干预提高防洪标准，到后期通过生态措施减小灾害影响的思路转变。

3. 美国水体景观规划设计进程

自20世纪60年代起，美国将生态学概念引入工程建设，推动了人们对生态治河工程措施的认识。由于20世纪70年代修建大量人工河道，河道渠化建设使湿地面积减小，生物多样性骤减。进入20世纪90年代后，美国开始对河流进行修复，并考虑其生境的塑造，探讨工程实施后的监测评估工作，提出了河流生态修复成功的评价标准，成立了河道修复委员会。

4. 日本水体景观规划设计进程

日本从20世纪80年代中期开始意识到生态环境保护的重要性，并引进了西方国家有关水体治理的新理念，在考虑塑造良好生境的同时，保护并创造出优美的自然景观。20世纪90年代，日本启动"创造自然型河川计划"，尝试运用天然的材料来重塑及建设滨水驳岸，并要求尊重自然多样性、流域水循环和生态系统的整体性，由单一目标的河流整治向流域全面治理并兼顾生态环境建设方向发展。

综上，国外对水体景观的研究是多角度的，可满足环境保护、农业生产、休闲娱乐、文化延续等多方位需求。可以发现，国外对水体景观的塑造经历了从人工改造到回归自然的转变，现阶段重视及强调人本行为的参与，并试图运用新科技、新材料，以塑造可持续发展、多元化功能为一体的滨水空间环境。一些国家从大尺度流域环境的视角，综合考虑防洪排涝、水生态功能和水景观价值等多重方面，以恢复河流生态系统的具体措施，为完整的水体生态系统奠定基础，可为其他国家提供借鉴。

（二）国内水体景观规划设计进程

东方国家有着独特的精神内涵，更依赖于水体景观同生活、文化的互动，往往以自然的形式展示水体景观的美学价值。近年来，我国关于水体景观的理论研究从水体功能及其附属功能的运用与保护研究、水域驳岸的建造类型与方法研究、滨水景观植物研究，逐步丰富为水体景观与生态文明建设的关系。

1. 乡村河道景观

乡村景观规划可以利用滨水植物和水体生产、生活工具等设计元素，优化驳岸空间，从而提供优美的滨水生态空间。村庄规划可以利用原水系，营造多样化滨水空间环境。

张贵鑫（2011）等将乡村河岸线具体划分为四大类型，包括保护、修复、开发利用和过渡段，并针对不同分段河道景观进行植物配置，指出滨水植物的景观功能不局限于美学价值，更要形成区域小型生态圈，具有良好的自我修复能力。

付军（2012）强调河道景观建设是一项涉及多学科、复杂的系统工程，应与生态学结合进行规划设计。

马钊（2015）在《基于地域特色的河道景观模式研究》中提出基于地域特色的河道景观模式，将历史文化的延续性与都市生活的现代性有机地融合，重现河流原始自然风情，实现了河流"生态性"和"城市性"的平衡统一，赋予了河流生命和灵魂。

王崑（2018）以驻马店市平舆县小清河景观规划设计为例，将弹性设计理念应用在城市河道景观设计中，使城市河道成为生长性景观。

2. 水利工程景观

在城市水利方面，谢祥财（2011）以安徽茨淮新河河道的水土保持为出发点，指出通过完善滨河湿地生态系统，营造基于水土保持功能的景观工程，并辅助有效的管理防治措施，形成水土保持与景观营建相结合的水利景观规划方法。

赵浩（2014）以举世闻名的都江堰水利工程设计为例，剖析现代城市景观设计中存在的问题，对水利工程设计理念在现代城市景观设计中的运用进行研究，寻找现代景观设计的可持续发展思路。

程璐（2016）针对伊宁市的渠系现状，运用风景园林规划与设计的方法，指出完善北疆城市中的渠系网络、建立渠系绿色走廊等，使水利遗产发挥丰富城市景观的作用。

张雪葳（2018）将杭州西湖作为切入点，分析陂塘水利对杭嘉湖地域景观以及杭州城市景观格局的影响，深入挖掘中国传统水利工程利用方法的历史、生态与美学价值，为维护中国城市及地域景观风貌提供一定参考。

在农田水利方面，米海燕（2016）概述农田水利工程建设对于我国新农村发展有重要的意义，并提出需将农田水利与乡村景观相融合，构建农田水利工程景观和农田水利文化景观两种模式。

王崑（2018）从农田水利角度构建乡村景观空间进行初步尝试，以农田水利工程的设施单元以及乡村景观的造景元素为基础，划分景观空间类型并探索营造模式。

3. 滨水植物景观

谢凌雁（2010）以古典园林及现代园林在水体植物方面的应用为基础，从水景形式、植物品种选择、植物造景手法三个方面探讨了它们的各自特点，并建议今后园林水体植物景观的发展应该从观赏性、生态性和文化意境三个方面予以提高。

王婕（2011）建立了上海地区乡土水生植物名录，提出在水生态恢复与水景观建设中，应因地制宜选取乡土水生植物，构建"沉水—浮水—挺水"植物群落复合体，并通过"近自然型"护岸的营造，形成"水生—湿生"复合生态系统。同时可运用植被工程学的原理和方法，采用"生态浮岛""生态沉岛"等技术营造水生植被，将强人工化的水景观建成具有生命的水生生态系统。

郭浩（2011）以普陀山风景名胜区滨海绿地为例，从滨海绿地的功能性、乡土性、文化性、艺术性等方面分析，从而指导植物景观规划。

张饮江（2012）系统归纳了国内外退化滨水景观带植物群落生态修复技术研究现状，研究分析生境恢复、生物廊道恢复、景观格局美化、水岸生态系统结构与功能优化等，为滨水景观带植物群落生态修复集成技术研究提供理论依据和技术支撑。

孙威（2015）提出水生植物是营造水体景观时不可或缺的一部分，它可以有效地净化、维持水体景观的水质。在进行水体景观的规划设计时，对水生植物应合理利用，并注意养护管理，方可维持生态系统的平衡，实现可持续发展。

黄越（2018）基于生物群落重建的景观水体生态修复方法，以物质流、食物网和"种—面积"关系等作为理论依据，以历史生物和景观数据作为修复依据，以"人为设计"和"自然发展"作为基本思路，阐述重建生物群落生态修复方法，构建湿地植物生态系统。

叶静斑（2019）在湿地公园鸟类食源性植物的研究上，提出吸引鸟类栖息的植物群落构建模式，从而维持并提高湿地公园鸟类的多样性，做到湿地生物的多样性维持。

4. 水体景观与生态修复

刘滨谊（2013）提出将生态消耗转化为生态增值是风景园林低成本营造的核心思想，并从水环境和水生态、滨水植物绿化、滨水堤岸地形空间艺术、滨水休闲与文化活动的自然回归以及为未来预留一个自然生态的滨水区五大方面，探讨以自然与生态为导向的城市滨水区规划，以及风景园林营造低成本的途径。

王天赋（2016）结合生态村典型案例，分别从自然生态、人文生态和社会生态三个层面解构生态村景观环境，于自然生态维度阐述应建立自然、高效并具有一定自我维持能力的动态自然生态景观系统。

冯艳（2016）运用海绵城市理念实施乡村景观规划，提出解决水问题的前提是保护区域水循环过程，指明规划设计是跨区域的，其核心在于构建跨区域的生态景观安全格局，以建成"斑块—廊道—基质"为内核的生态景观格局。

王敏（2016）以城市水文生态风险评价与城市水系景观特征分析评价为主要技术手段，探索将城市水文生态安全控制与城市水系景观文化传承和创新有机结合的水系空间组织方法。

韩毅（2018）以水生态安全为重心，将城市河道生态修复与农田输配水工程、城市防洪、运河旅游、滨水区修补和海绵城市规划等工作统筹协调，以改善水生态质量推动城市转型发展。

针对水体景观面临的问题，有学者提出构建江南乡村水体景观格局，并设想构建途径可通过"调查—评价—规划—实践—反馈—补偿"的步骤得以实现，从而发挥水体景观物质生产、生态服务和文化传承的功能。也有学者分析古村落人居行为与水空间的关系，提出古村落水景观治理与修复发展取向，应着重考虑生态保护优先与开发适度、凸显自然天成的田园魅力、发展村落水景观的地域特色、优先利用当地特有的建筑材料四点具体措施。

5. 水体景观与生态旅游

葛莉（2007）以长江、太湖、运河、海滨这四种不同类型的水资源为对象，分析在发展乡村旅游时，应采取的各自培育开发方式。对大城市而言，应以经济实力正确导向乡村与旅游的关系，用高投入、高产出发展高效、优质农业景观；以高品位、精品化形成区域旅游特色，建设城市标杆。对中型城市而言，发展水资源旅游必须有前瞻性，以产业群、产业链形式带动乡村水旅游，形成可持续、有序化发展的良性循环。对运河水资源开发，应在生态旅游资源效益上做文章，糅融农业、林业、渔业、水利业的产业升级，提升经济效益。海滨地块则应考虑区域联动发展，连点成线，连线成片，以开辟生态旅游新局面。

刘宁（2015）深入研究开化溪流谷地地形的景观资源特征，以地域文化特色为景观切入点，探求溪流谷地地形乡村的可持续发展。

方伟（2015）立足于有机更新和可持续发展理念，对塘栖提出景观规划设计指导思路。

沈颖凯（2020）以三林村为例，探索平原型水乡一、二、三产发展与乡村景区化建设的协同关系。

6. 水体景观与小气候

纪鹏（2013）选择北京7条不同宽度河流和滨河绿地作为研究对象，利用小尺度定量测定技术方法，分析城市河流宽度对滨河绿地温湿效益的影响，为城市河流建设提供科学依据。

刘滨谊（2015）以上海市苏州河西岸滨水带典型地段为试验地，研究滨水带坡面形式、植被空间结构、乔木覆盖郁闭度、沿河灌木高度的空间布局形态对于滨水带环境小气候影响的环境物理规律。

张伟（2016）以杭州市西湖为例，通过对西湖及其周边城区各季节不同气象要素的对比观测，探讨城市湿地的局地小气候调节效应。

吕鸣杨、金荷仙（2019）研究不同形式水体与其周边环境要素二者结合产生的不同类型小气候效应并进行总结归纳，以对合理规划设计水体景观提供参考。

目前，我国乡村建设已走向生态化、多元化的目标层面，有学者提出建立乡村动态自然景观系统。部分学者将水体景观作为乡村规划的重要因子进行研究，但关于水体景观具体的设计手法、营建模式以及乡村池塘、湖泊、河流等小面积滨水景观的研究相对较少，将水体景观视作完整的生态净化系统也处于研究起步阶段。

在对水体景观进行规划设计时，一方面可借鉴国外以恢复生态水环境为出发点，打造满足多重功能的水体生态系统，另一方面应考虑乡土文化、地域特色，将区域发展与水体景观环境现状协调发展，建立可持续的水体景观。

第三节　建筑与水体景观的形象整合

一、轻盈空透的形象意向

滨水建筑的造型意象主要来自两个方面：一是对于水体本身透明性的回应，水体本身的透明性和折反射作用使其具有空透、非实体化的视觉特征；二是保持水面开阔疏朗的空间界域的连续性，避免其实体在视觉上对于水面空间界域的遮挡。在此基础上，滨水建筑与水体景观的形象风貌相呼应。在水体景观中，滨水建筑一般呈现轻盈空透的形象意向，以与整体的景观风貌整合为一。

在玻璃作为建筑材料得以广泛运用之前，建筑形象的非实体化主要通过纤细的支柱和舍弃侧向围护来达成，将实体的建筑构成要素减至最少，观看者的视线得以贯通，从而形成了廊、亭、榭、轩等建筑形态。人们在描述和形容传统建筑的这些类型时，常常运用"通透""空灵"这样的词汇，这些正是在描述它们非实体化的形象特征。传统建筑的这种形象处理手法在今日都有丰富的发展。无疑，这种做法比较适用于特定的气候条件或较低的小环境要求。

当玻璃广泛运用于建筑之后，人们得以在达成建筑实体的消解的同时还能够保证合乎需要的室内空间环境。兰德尔设计的用作观景的"水榭"位于泰晤士河畔林木繁茂的水岸地段，建筑本体是一个"极简"的长方体，与河岸成90°垂直，并从河岸上悬挑向水面。由于四壁都采用了通透的玻璃材质，这个玻璃盒子仿佛失去了实体感，只余下顶板和底板漂浮在泰晤士河的柔波上。谷口吉生设计的东京葛西临海公园水族馆是一个直径100米的圆盘，入口位于其顶部，呈现一个完全透明的半球形，四周围绕着主体建筑屋顶形成的水池。这样的处理使人们在入口广场处只看得到四周仿佛与大海形成一体的水面和那个晶莹剔透的玻璃穹顶，宛若大海上的一滴水珠。当水池中的喷泉喷出水雾时，玻璃穹顶就像海市蜃楼般缥缈升腾。

当然，在更多的情况下，非实体化的意象只能在建筑的局部实现，这就使水体景观建筑中列柱、空廊和玻璃材料的运用十分常见，另外通过对建筑体量的切削、挖空、悬挑等处理也能达到弱化其实体感的目的。

二、水平性与漂浮感

水体景观建筑常见的是采用水平向展开的造型意象，这无疑是源于水面空间界域水平向伸展的特质，也是对水陆交接的岸线形态的回应。建筑往往采用水平向为主的构图，体量低平，屋顶舒展，立面要素在水平向不断重复以产生节奏感。尤其是在线型水体沿岸展开的建筑，这种造型意象更为强烈。

水体景观建筑"漂浮"于水上的意象也是十分常见的。这也是来自于对水体透明、空灵、轻盈特质的呼应。接近于水面部分运用透明材质，纤细的支柱与上部深远的屋顶部的对比，都强化了建筑"漂浮"于水面之上的意象。

三、滨水建筑群体的天际线

水面作为一个平整、开敞、富有反射性的基面，对于水体而生的建筑群体具有很强的衬托作用，因而，水体景观建筑群体整体呈现的天际线需要经过精心组织。

水体景观建筑群的天际线主要由两部分组成：由临水和近水建筑体量所形成的前景天际线，由处于岸线纵深方向的建筑所组成的背景天际线。前景天际线与水面距离较近，关系密切，主要强调水平向构图，以和水面的水平向展开趋势相呼应，同时宜有适宜的尺度和亲切性；背景天际线强调竖直向的构图，与水面和前景天际线形成纵横对比。水体景观建筑通过这种对比和组合，形成一个形象鲜明、统一中富有变化的整体。

良好的水体景观建筑群天际线组织宜有明确的视觉中心，同时需要有序幕、承接高潮和结尾的节奏起伏变化。视觉中心有时不是单一的，而是由若干结点构成的，且在诸结点中仍有主次之分。处在背景的建筑宜保持某种共性，以对视觉中心形成某种衬托。

水体景观建筑群天际线组织应该注意前景天际线和背景天际线的协调处理。背景天际线是水体景观建筑群天际线的主体，前景天际线是它的陪衬和补充。前景天际线强调水平构图，其中应该避免出现高大建筑体量，尤其是连续的板式体量。

天际线的节奏有规则和不规则的变化。相对而言，不规则的变化更为生动。在不规则的变化中，通过特殊的韵律和节奏组合，较为平淡的建筑也能形成特征明确的天际线形象。

对于水体景观建筑群体的天际线而言，高起的标志性体量是处理的重点，尤其对于较大的建筑群体乃至城市而言。高起体量集中或成簇出现，较之离散的布局更具有视觉张力。多个分量相近的中心的并置会削弱各自的影响力和控制性。

第七章　现代景观小品的建筑技术

现代景观小品是现代景观设计中最重要的组成部分之一。随着现代景观的快速发展，景观小品的建筑技术在景观设计中占据了十分重要的地位。本章分为景观小品的分类、价值与特点，景观设施与景观小品的设计，景观小品的建筑艺术三部分，主要包括景观小品的分类、景观小品的价值、景观小品的特点、景观设施的发展等内容。

第一节　景观小品的分类、价值与特点

一、景观小品的分类

（一）饰景小品

饰景小品在现代环境中主要起着点缀的作用。饰景小品作为环境中的景观组成部分，可以丰富景观，同时也有引导、分隔空间和突出主题的作用。

1. 雕塑小品

雕塑在古今中外的造景中被大量应用，涵盖了中国古典风格和欧美风格。从类型上说，雕塑大致可分为预示性雕塑、故事性雕塑、寓言雕塑、历史性雕塑、动物雕塑、人物雕塑和抽象派雕塑等。雕塑在景观中往往起喻义、比拟的作用，它是对景观概念的延伸，能够丰富景观的文化内涵。

2. 水景小品

水景小品主要是以设计水的五种形态（流、涌、喷、落、静）为目的的小品设施。水景常常为城市某一景区的主景，是游人视觉的焦点。在规则式景观绿地中，水景小品常设置在建筑物的前方或景区的中心，为主要轴线或视线上的一种重要点缀物。在自然式绿地中，水景小品的设计常取自然形态，与周围景色相融合，体现出自然形态的景观效果。

3. 灯光照明小品

灯光照明小品主要包括路灯、庭院灯、灯笼、地灯、投射灯等。灯光照明小品具有实用性的照明功能，同时本身的观赏性可以成为环境中饰景的一部分，其造型的色彩、质感、外观都与整体环境相协调。灯光照明小品主要是为了夜景效果而设置的，目的是突出重点区域，增加景观的表现力，丰富人们的视觉审美。

（二）其他类小品

其他类小品包括场所中隔景、框景、组景等小品设施，如景墙、漏窗等。这类小品多数为建筑附属物，对空间形成分隔、解构，能够丰富景观的空间构图、增加景深，对视线进行引导。

（三）特殊类小品

随着时代的发展，公共环境中的建筑小品设施关注到了一些特殊的群体，如老弱病残等。这类小品设计更多聚焦于使用者，满足"形式服从情感"的理念，设计从对功能的满足进一步上升到对人的精神的关怀，以使全体社会成员都具有平等参与社会生活的机会，共享社会发展的成果。

二、景观小品的价值

（一）实用价值

在景区中，景观小品不仅能够美化环境与增强艺术感染力，而且能够提供最为重要的实用功能。景观小品在满足普通用途之外，还需要注意特殊人群的需求，如景区坐凳的设计应考虑小孩与老人的需求：①可适当降低坐凳高度，使设计更加人性化；②可在坐凳两边添加扶手，为起身离开坐凳的老人与小孩起到助力作用。

（二）美学价值

景观小品不仅是宏观环境中的一片风景，而且是创造公共艺术空间的媒介。景观小品可以通过一定的设计将自然生态融入城市，或将乡村田园风光引入城市，并形成一定的城市审美观。许多景观小品在设计理念和创造形式上已经多年没有发生变化，因此景观小品在许多地方的应用都表现出不实用的现象。随着人们生活水平和审美意识的提高，现有的景观小品设计形式逐渐不能满足人们的审美需求，设计质量也跟不上时代的需求。同时生产和供应渠道也在一定程度上受到了一些限制（如政府计划）。城市的美学价值在一定程度上是要基于创建和推广高质量的、具备美学吸引力的城市景观小品，来表现当地新趋势和文化偏好。也可以说，城市景观的美学质量和景观小品质量对公众的生活、文化和心理质量，甚至对人们的行为都有长期和普遍的影响。实际上，景观小品的设计不仅承担着满足人们欣赏的义务，而且承担着空间精神的转移。因此，必须使用人类艺术史上的合适形式和手段，来创造合适的景观小品，并付诸应用的技术与能力。

（三）经济价值

随着国家乡村振兴战略的实施，一些风景优美的乡村被打造成景区。旅游成为一些地方主要的经济来源，良好的环境是吸引游客的首要因素，因此可以设计出优秀的景观小品使之成为整体环境的点睛之笔，提高旅游景区的审美价值，从而达到吸引游客的目的。

（四）生态价值

人们常常感到惊讶的是，更快的发展和更好的生存理想之间似乎始终存在着无法解决的矛盾。生态环境条件以及人类和社会历史条件是创建景观小品时必须考虑的主要因素。中国目前的总体生态状况直接或间接地限制了城市经济、文化和环境的发展和成熟，并迫使人们将重点放在战略思想和评估行为方面，放在保护和使用行为的标准上，专注于改善环境。景观小品及其文化观念的时代特征应寻求与可持续发展理念相结合。随着城市化进程的加快，过度的城市开发造成的环境问题，导致人们对绿色经济、绿色生态和绿色城市公共环境的渴望不可避免地发展成为各种类型的城市设施建设的方向，包括文化景观小品和文化发展战略。景观小品作为一种应用型艺术，它的开发、实施和维护不能够脱离对城市地理环境和自然资源的综合考虑。不管人们倾向于表达对自然资源的依赖还是局部特征的表现，都需要一个能够与某个地方或地区的生态和景观特点相融合的景观小品的存在。因此，景观小品的创建、设计和实施过程应该积极、谨慎地参与其所在区域的生态环境和文化价值的保护，这一点对于景观小品设计来说尤为重要。换句话说，人们欣赏自然并不断追求卓越的自然特性，也是一种精神上的体验和安慰，这也是对自然法则的尊重。

绿色生态景观小品和相关的生态要素只是表达生态特征和艺术情调的自然形式，也是人们可以享受和发展的必不可少的自然要素。绿色生态设计提倡在自然生态中取得精神上的优势，追求自然，并遵循自然规律。例如，安徽省六安市金安区张店镇农业科普示范基地——红土地农业园景观艺术小品就是绿色生态设计的成功案例。红土地农业园是一个集农业科普示范基地、水蜜桃种植基地、无籽西瓜基地、大棚蔬菜基地、食用菌生产基地和生态家禽养殖基地于一体的综合农业示范园区。该园区的景观小品设计运用了当地的产品水蜜桃、茄子、胡萝卜与黄瓜等蔬果元素，以及当地生态养殖的皖西特色大白鹅、芦花鸡等家禽形象，进行拟人化的装饰处理，用卡通形象来体现以上产品。这些景观小品利用稻草绳、衰草等原生态的材料展现当地农业的土特产，每一个小品都以迷人的形态和色彩向来客传递农业园的产品信息，让来往的宾客忍不住想继续往里面探个究竟。这种将地域特色元素运用在景观小品当中的表现手法，在保留了当地独特生态价值文化的同时，又具有很高的审美性和艺术性，生动形象地向游客展示了当地独特的生态经济文化，也增加了当地人民的归属感和自豪感。

（五）情感价值

在设计一个具备情感价值的主题物品时，最重要的是要考虑与"人"主题相关的情感因素。对景观小品来说，无论采用何种情感吸引方法，人类主题性都必须在整个景观小品中持续并不断地发挥中心作用。例如，在勾勒城市景观时，需要考虑和注重人的情感价值。经过数次工业革命的洗礼，人类的科学技术和生产力得到了空前的提高，在社会发展中特别是在城市建设方面取得了长足的进步。人们正在搭乘着时代发展的快速列车，斗志昂扬地驶向全新的方向，然而，人们在追求速度的同时可能会出现历史记忆的淡化，而历史语境的延续是我们及子孙后代追寻过去的情感支撑。故而，人类社会的发展趋势与景观小品的设计有着密不可分的关系。不同时期和地域的景观小品能够扮演着"活化石"的角色，反映着不同环境下社会的各种视角。景观小品的设计和创作也是反映社会发展综合过程的静态映像。景观小品在城市景观设计过程中，也体现了当代人对城市历史的尊重和依恋。

三、景观小品的特点

景观小品具有协调性与整体性。在景观小品设计时应充分了解周围环境与空间特质，在此基础上考虑材质、色彩、肌理、尺寸等，做到与环境相融合。景观小品作为环境设计的一部分，需要与整体环境有机结合。设计时不能把景观小品当作单独个体，应使其与周围形成统一整体的景观，从而设计出符合要求的景观小品，使小品在风格、色调、材质等要素上与周围环境和谐统一，避免发生与整体环境冲突与对立的现象。

景观小品具有民族性与时代感。它是特定历史条件下社会发展的综合性产物，能够反映一个地域的历史趋势、自然状况与民俗民风等。因此，优秀的景观小品设计在人文环境中具有十分重要的意义。

景观小品具有功能的合理性与表现的多样性。实用作为景观小品的重要属性，在环境中满足各种合理的功能性需求，具有一定的使用价值。同时，也有部分景观小品的设计是为了与人们产生更多的互动，给人们带来情感上的愉悦与心理上的安全感。因此，景观小品可以根据不同环境中的不同需求，设计出丰富多彩的形式。景观小品表现的多样性是为了更好地为人们服务，与周围环境达成和谐统一的效果，并满足人们的情感与使用需求。

第二节 景观设施与景观小品的设计

一、景观设施

（一）景观设施的定义

"景观设施"一词最早出现在英国，称作"Street Furniture"，译为街道公共设施，是指公共环境与场地中所构成的人活动领域内所需的物质实体。景观设施是一个综合的、整体的概念，通过处理、分析把人、环境、设施优化构成"人类—环境系统"，景观设施的品质可以体现空间环境的质量和城市物质与精神文明的发展程度，是人与环境的纽带，以构建安全、舒适、高效的生活为目标。

（二）景观设施的发展

公共景观设施会随着城市的发展而演变。世界各地自古以来就有不少设施，如中国古代社会的楼牌、下马石等，古罗马庞贝城发现的喷泉、凉亭、雕塑等不同功能的景观设施。由此可见，尽管各国地域文化不尽相同，但是满足人们需求的各种景观设施，早已在人们生活的环境中扮演着重要的角色。景观设施在中西方文化交流的过程中，出现了很多西方甚至中西合并的设施样式。景观设施的内容和功能一直随着社会发展发生变革，不适应环境的设施可能被淘汰，而如今时新的某些设施又可能在将来面临解体的危机。因此，景观设施的内容和形式一直处在不断地交替变化的更新之中。我国应该在充分考虑本国文化和人们生活习惯基础上开发适宜的景观设施，以良好的物质、精神价值增强人们的公共意识。

（三）景观设施的分类

1. 展示设施

展示设施包括各种导游图版、路标指示牌，以及动物园、植物园、文物古建、古树的说明牌、图片画廊等。展示设施对游人有宣传、引导、教育等作用。设计良好的展示设施能给游人以清晰明了的展示概念。

2. 卫生设施

卫生设施的设计是为了使场所体现整洁干净的环境效果，创造舒适的游览氛围，同时体现以人为本的设计理念。卫生设施通常包括厕所、果皮箱等。卫生设施的设置不但要体现功能性，方便人们的使用，不能产生令人不快的气味，而且要做到与环境相协调。

3. 休憩设施

休憩设施包括餐饮设施、座凳等。休憩设施具有休息与娱乐的功能，方便游人的出行，能够丰富景观环境，提高游人的兴致。休憩设施设计的风格与环境应该构成统一的整体，并且满足人们不同的使用需求。

4. 通信设施

通信设施通常指公用电话亭。由于通信设施的设计通常由电信部门进行安装，因此常常对色彩及外形的设计与景观环境本身的协调性存在不一致。通信设施的安排除了要考虑游人的方便性、适宜性，同时还要考虑其在视觉上的和谐与舒适。

二、景观设施设计

（一）景观设施设计的要素

1. 自然要素

一个地区独有的自然环境，是经历千百年来自然的选择和延续的结果，蕴含着丰富的自然法则。每个城市都有其独特的自然风貌，构成了整座城市的总体轮廓，这些浑然天成的自然要素，为景观设施提供了丰富的自然条件。景观设施的设计首先要考虑的是当地的自然环境因素，基于"生态化"设计考量，在设计创新的基础上充分考量当地的地理环境、气候特征、水体等自然因素，这直接影响了整个景区景观设施设计功能分区的分布以及材料的应用。

2. 人文要素

许多人与环境之间的作用机制都具有文化性，与文化相关或因文化而异。景观设施作为城市环境的重要展现形式，是在时代背景下城市经济、文化、技术、观念等的综合体现，它承载着一座城市的地域文化特色，是历史的映射和文化的表现。因此，在景观空间的营造方面，应充分挖掘城市的人文要素，在景观设施的设计上选取合适的文化符号元素，强化其艺术性，使景观设施的物质形态同地域特色的传承与创新有机结合。

（二）景观设施设计的原则

1. 功能性原则

对于景观设施来说，首先要有较强的实用性，这是景观设施设计的立足点之一，也是最基本、最不可或缺的设计原则。景观设施的功能性存在于设施本身，直接向游客提供各种服务。我国古代思想家墨子曾说过："食必常饱，然后求美；衣必常暖，然后求丽；居必常安，然后求乐。"基于马斯洛层次理论，人最基本的需求是生理需求，人只有在生理需求得到充分满足之后才会寻找更深层次的精神需求。景观设施的功能性可以满足游客的某种生理需求，如游客在游览过程中累了需要休息座椅、渴了需要饮水设施、有垃圾时需要垃圾桶等，游客最基本的行为习惯特征决定了整个景观空间中景观设施的功能性要求。功能性在设计的过程中一般比较明确，设计目的也十分清晰，有了完备的功能才能为游客提供良好的服务，这是景观设施存在的意义所在。

2. 整体性原则

一个优秀的景观设施设计不仅指它具有独特的造型、完善的功能、艳丽的色彩，而且要考虑它与周围环境的协调性和统一性，并起到与自然环境承接过渡的作用。在整个景观空间环境中，不经过系统化设计的景观设施会显得格格不入。因此，景观设施在为人们提供功能性服务便利的同时，也要注意它与周围环境的平等对话，与自然环境、人文环境相协调。

景区是一个复杂的综合体，是自然景观与人造设施的结合。景观设施作为景区中连接自然与人工设计的重要纽带，要有独立的个性，以此增强整个景区的趣味性和灵动感，但这种个性的存在是要建立在整个景区环境共性的基础之上的，只有这样才能提升整个景区环境整体的艺术品位。存在于系统化空间当中的景观设施，它的形态、颜色、材质等体现了存在于整个空间环境的必要性，只有把握好设施与环境之间的关系，将个性特征转化为整个空间环境系统中的自觉意识，才能产生一种赏心悦目的整体艺术感觉。例如北京的颐和园，几乎所有游廊中的漏窗位置，大小都是相当的，只有形态上有细微差别，这种在统一中求变化、在变化中保持统一的设计方式，可以给游客增添审美情趣和视觉体验。把握好设施与环境的关系，会使整个环境空间富有律动感，让游客感受到"共性"与"个性"二者在景观设施设计上的表达。

3.人性化原则

作为人们生活中不可或缺的物质形式，景观设施服务于人。"以人为本"的设计理念是景观设施重要的价值体现。在景观空间环境中，游客作为环境的主体，游客的行为、习惯、爱好等方面都是景观设施设计的依据。游客在使用过程中生理、心理的变化与周围环境有着千丝万缕的联系。因此，人性化的设计原则显得十分重要，充分了解人的生理尺度、心理需求和思维方式，对提高游客景观设施的舒适性体验十分重要。

（1）符合人体的尺度

基于人机工程学理论，人体尺度是景观设施设计所要遵循的最基本的数据，也是探究景观设施设计是否合理的一个重要参照。景区内游客众多，不同年龄、不同人种、不同性别的游客，他们的人体尺度也有差别，因此，要从使用者的实际出发，有针对性地提出设计方案。例如，景区内卫生间的洗手盆高度应当考虑使用人群高度，成人高度一般在80厘米左右，儿童在65厘米左右，设计不同高度的洗手盆才能满足不同游客群体的需求；儿童休闲娱乐设施的受众群体是儿童游客，因此只需要针对儿童的身体尺度和心理特征进行设计规划。只有符合人体尺度的景观设施，才能更好地规范、引导游客的体验过程，满足游客的基础需求。

（2）符合人的行为特征

人在长期与环境的交互中，会下意识地采取某种行为，并不断重复，成了习惯性行为。了解人的习惯性行为特征对景观设施的设计有着重要的帮助。人们累的时候会坐在座椅上休息，热的时候会在遮阳设施下乘凉……这些行为习惯影响并指导着景观设施的设计，而符合人行为特征的景观设施设计直接关系人们对环境空间的利用和交往效果。

依据环境心理学理论，人在空旷的环境空间当中，依靠物会对人形成吸引半径。因此，在景观设施的设计上，要充分考虑游客的行为心理特征，在空旷的场地周围设置相关的设施，吸引游客的逗留，以此来引导游客的游览体验。大尺度的空间相对于小尺度空间来说，需要更多的依靠物，滨海空间相对空旷，因此，需要设置更多的设施，如水景、雕塑、休息座椅等，以此来放松游客的心情。

而且，在公共环境空间中，游客彼此之间接触的空间尺度也不同，无论是熟人还是陌生人，彼此之间都保持着一种自我适当的距离。在日常生活中，我们时常会看到同一排座椅两个陌生人之间一般会空出一个或几个座位，已然成为一种行为习惯。因此在景观设施的设计上，要考虑游客群体的社交距离（社会距离一般是 1.2～2.6 米）。

综上，合理地运用游客生理尺度和行为习惯差异来进行景观设施的设计，这是人文精神的一种体现，也是景观设施设计的未来发展趋势。

（3）通用设计

相对于"无障碍设计"来说，通用设计更好地诠释了"以人为本"理念下未来景观设施设计的发展趋势，这也是人性化设计原则的体现。对于特殊群体的需求已经成为景观设施设计是否人性化的衡量标准之一，但对于特殊群体来说，从内心上接纳他们才是对他们最大的关心和帮助。通用设计的出现，既满足了普通群体的使用需求，又减轻了特殊群体的心理负担。它是在无障碍设计基础之上发展起来的，最终目的是服务于所有使用者。相对于发达国家和地区来说，我国景观设施的无障碍设计还不是很完善，还有很多不足和空白需要填补。通用设计的兴起为景观设施的设计提供了一个好的发展方向，更好地诠释了人性化的设计理念，营造了一个充满爱与关怀的旅游硬件环境。

4. 文化性原则

在景观空间环境中，地域性的景观设施是建立在独特城市文化和自然环境基础之上的，是一座城市地域文化的细节体现。没有文化特性的景观设施如同机械化产业下的复制品，千篇一律，缺乏特色。塑造和展现当地的地域文化特色，才是景观设施文化内涵的体现。这意味着景观设施在设计方面要从表现形式、工艺方法、颜色搭配等方面进行全方位的思考，与周围的自然景观和人文元素有机结合。遵循地域文化性原则，并不是单纯地将设施回归历史原貌，而是汲取地域性元素加以创造，再利用到景观设施的实际当中。

景观设施作为新时代背景下城市环境的缩影，承载和传递着地域文化精神，同时，景观设施也是一座城市经济实力、社会发展进度的综合体现。设计师应充分了解一座城市的历史脉络、风俗人情，对地域性特征进行总结归纳，汲取最具代表性的地域文化元素，将其融入景观设施的设计当中，使游客在使用景观设施的同时，切身感受当地的地域文化特色，调动游客解读地域文脉的兴趣，启发感知，唤起思考和联想，使游客在游览景观的同时体会城市环境的历史风韵和地域文化特色，陶冶情趣，产生情感共鸣。

5. 生态性原则

当今社会，环境问题已经成为人类面临的一项重要问题。如何处理好人与环境、环境与设计的相互关系，如何改造人们的生存空间，使之更有利于人们的身心健康等问题越来越被人们所重视。景观设施的设计也不单单只是关注解决功能性方面的问题，随着生态意识的深入，人们逐渐将绿色观念贯穿到景观设施的设计当中。所谓绿色生态性原则，是指景观设施与周围环境相协调，利用绿色环保的材质，尽量减少对周围生态环境的破坏，延长设施的使用寿命。将绿色生态原则融入景观设施的设计当中，更能唤起游客与自然的情感联系，激发人们对生态环境的保护意识。

近年来，在各种人为因素和自然因素的影响下，景观生态环境遭到了严重的破坏。生态环境是人类赖以生存和发展的前提和基础，景观设施的设计要充分考虑人与自然环境的平衡，在设计的每一个环节都要充分考虑其生态性，以环境生态学理论为指导，遵循生态设计的"3R"原则，即 Reduce（减少）、Recycle（再生）、Reuse（回收），减少对周围环境的破坏，在现有技术和生态理论的指导下，设计出既满足游客需求又与周围环境相适宜的景观设施。例如，景区内休息座椅应当采用可再生的原材料，避免化学黏合剂的使用，淘汰后可回收再利用，将绿色生态化原则渗透到景观设施设计的每一个环节；又如，大连滨海有着丰富的光能和风能，在景观照明设施的能源的选择上可以充分利用这一自然优势，利用光电转化、风电转化的原理进行发电，既可以节约资源，又免去了大量铺设电缆对环境的破坏。这是新技术、新能源作用下景观设施设计的未来发展趋势。只有重新定义人、环境、设施之间的关系，在景观设施发挥最大效益的同时，合理利用和分配自然资源，并在保持设施提供人们服务的前提下，使用环保的材料，才能更好地改善人们的公共生活质量，达到生态的平衡和人居环境的良性发展。

三、景观小品设计的相关内容

（一）景观小品设计的原则

1. 地域性原则

景观小品作为地域文化的载体，在设计时需要充分了解当地的风土人情，挖掘文化内涵与地方特色物品，进行元素的提取与应用，使之成为景观小品设计时的艺术灵感来源。吴良镛教授曾说："特色反映生活，特色分界地域，特色构成历史，特色积淀文化，特色是民族凝聚力的来源，特色是一定时间、一定地点下事物特征的最集中最典型表现，能给人们带来不同的心理感受，获得情感陶醉，心灵共鸣。"其中，吴良镛教授提到的生活、地域、历史、文化、民族、典型事物都为地域特色的构成要素，这些要素的差异共同形成了地域特色。

设计师在进行景观小品设计时需要深入了解当地环境，提取特色文化元素，使用艺术化手法加工处理，作为小品表层要素使用。融合当地特色的景观小品在发挥其实用功能外，能极大程度地增强民族凝聚力，提升人们与景观小品产生互动的热情，真实反映某个地区人民以往社会生活的历史人文环境，从而使景观小品成为传播当地精神文化形象的一种媒介，让外来游客能够对环境产生更加直观且深入的认知。

例如，合柴特色文创园在进行景观小品的设计时选择性地保留了某些历史文化物件，使小品与周围环境融合的同时增加了文化氛围，也能够使游客通过与历史物件的直观接触从而对景区文化产生认同感。又如，侵华日军南京大屠杀遇难同胞纪念馆外庄严竖立的石碑，作为景观小品，高大的石碑造型使整体环境氛围庄严而肃静，石碑上的日期刻着这片土地的沉重历史，让来往的游客对当地历史文化有更加深入地了解。

2. 创新性原则

设计的魅力在于创新，环境艺术设计需要使用多元化的艺术手法进行创新设计。景观小品作为环境的重要组成部分，需要加强创新精神。设计师在设计时可以从行为表演、装饰艺术以及当代绘画中吸取创作灵感，突破自身的设计局限性。同时，景观小品的创新不是凭空产生的，需要根据使用者的需求来进行创新设计。

通过对小品形态、材质、颜色、比例以及尺寸等采用多元化的艺术手法进行处理，使游客产生情感共鸣，是景观小品创新的灵魂与核心。通过大量的实地调研，人们将景观小品的创新方式归纳总结为三类：功能性创新、色彩创新以及空间光影关系创新。

景观小品在空间内既具有使用功能，又具有装饰功能。景观小品的功能性创新是在原有的功能基础上进行其他功能的开发，以此来增加景观小品的利用率。例如，将导视牌与宣传牌结合在一起，不但增加了功能，而且节约了空间，为游客带来新奇的心理感受。

景观小品的色彩一般情况下由所选用的材质决定，由于人眼往往对所见物体的色彩更为敏感，因此色彩创新十分重要，景观小品的色彩配置是其增强最终艺术感染力的关键要素。例如，小型雕塑、景墙、廊、亭等景观小品多采用暖色系，在增强环境趣味性的同时能够引导游客视线；景区的照明灯光也会随着需求的不同使用不同色系的光。

光影如刺绣专用的银线，是编织空间、塑造与展示美的重要元素。无光不成风景，无结构不成风景。因此，空间光影关系在景观小品设计中有着十分重要的地位。通过景观小品造型上面、格、带、网、孔等几何图案透光性的控制、排列、组合编织成空间独有的光影感，能够形成空间结构与光影的融合与对话。例如，利用小孔成像的光学原理，在景观小品的造型上设计小孔，阳光穿透孔洞投射到地面，形成各种图案，增加空间的趣味性。

3. 以人为本原则

景观小品设计在遵循自然规律的基础上，应该以人为本，满足人们生活的基础需求。同时，随着环境设计的不断发展，景观小品不仅仅是美化环境的静态物品，同时也能够传递信息，吸引游客与其产生互动，为游客提供静态观光以外的游览项目，使游客感受环境的动态魅力，带来精神上的享受。当游客与景观小品产生互动之时，需要调动人体的各种感官，从而触发使用者对景观小品产生情感变化，使环境更具吸引力。例如，在合肥滨湖森林湿地公园牛家村村口设计十二生肖的形象，并在每个肖像下放置鼓槌，游客可以击响与自己对应的生肖，以此来祈祷平安幸福。

以人为本不仅体现在设计结果上，而且体现在设计过程中。与设计师相比，本地村民对当地文化以及风土人情有更加深入的了解与认识。因此，让村民参与设计和讨论，将本地人民的认识与设计师思路相结合，能够极大程度地调动村民的参与性与积极性，同时可以让当地人民对艺术化景观小品有更为全面的认识与了解。这种做法既能够弥补设计师对当地文化了解的不足之处，又能够让村民参与其中，充分体现以人为本的设计理念。

4. 生态可持续性原则

生态，指生物的生存状态。良好的生态环境是人类活动与生存的前提条件，环境艺术设计需要建立在生态可持续性原则基础上。景区的生态环境建设是景区整体建设的重中之重，因此在景观小品的设计上需要体现生态保护的重要性。随着国家经济的发展，对于景区的环境建设一直在稳步进行，但仍然有部分地区忽视了生态环保的重要性，过度追求经济效益。同时，景观小品存在着材料与制作工艺上的浪费，破坏了生态环境。因此，设计必须遵循生态可持续性的原则。

景观小品的设计必须与周围环境相融合。随着景区的不断完善，越来越多的游客前来参观，在此背景下，功能性景观小品的设计显得尤为重要。例如，垃圾桶、路灯、凉亭、坐凳、导视牌等，这类景观小品能为游客提供基础服务，满足游客的使用需求。但其在具有艺术化审美的同时也需要与环境相协调，避免因自身形象过于突出而影响整体环境的美观。因此，在进行景观小品设计时，设计师需要充分了解环境，严格规划景观小品的数量、造型以及比例等要素，在保护自然生态的基础上，设计出成为空间点缀的景观小品。

此外，景观小品在设计时应尽可能地就地取材，采用可再生的竹、藤与树木等材料，使小品与走位环境相融合，并达到环保的效果。例如，杭州西溪湿地中景观小品在设计时采用了大量秸秆，增加了景区的乡土氛围，同时秸秆的使用避免了焚烧带来的环境污染。

（二）景观小品设计的步骤

设计作为一种过程性的工作，在设计的进行过程中需要遵循一定的逻辑，制定一定的实施方案和步骤，景观设计也不例外。在以传承文化和美化环境为目的的景观设计过程中，首先需要收集和总结与目标地域尽可能多的相关信息，以形成初始的设计材料，而后基于此对文化背景和自然生态的关系进行透彻的研究和分析，最后筛选出相关的、具有代表性的本地文化元素。这种方法可以帮助设计师发散思维，不断激发灵感，并在此过程中不断改进其设计思想，丰富设计语言。

1. 了解自然环境

土地是人们赖以生存的物质空间，它作为人类物质生产生活的承载，是人类生存与发展的基础。土地由于地壳运动产生了各种形态不一的变化，如形成了山脉、盆地、湖泊等，这一系列变化并不是混乱的，而是体现了一种自然的逻辑和秩序。人类基于长久以来对于土地环境的了解，得以熟悉这种稳定的秩序而建造了一个个村庄、城市，形成了人与自然相互协调的状态。因此，一个人在着眼于美化环境的任务之前，首先要做的是接近自然、熟悉自然，并学会与自然和谐相处。中国传统建筑美学就是人与自然环境相互磨合与借鉴的结果。尽管中国古代的风水学被部分人们认作一种迷信，但事实上它涵盖了古代地球哲学，包含了能够平衡建筑景观与环境的技术方法。这证明了几千年前的中国人早已认识到人与自然环境的共生关系与尊重自然、敬畏自然的重要性。

正如中国园林景观著作《园治》所述："相地合宜，构园得体""巧于因借，精在体宜"。在区域环境中，现有的自然环境一直被视为设计灵感的来源。特殊的地理条件导致不同地区的乡村景观出现了不同的表现和使用效果，例如，山丘和平原上形成了不同类型的农业景观。自然景观不仅是古代选择人群聚落的重要考虑条件之一，而且对当地的景观功能设计也会产生重要的影响。人类祖先在选择或建造房屋的地基之前需要仔细考察该地点，这种考察不仅是地形环境类的，而且包括生态资源类的。只有在二者兼备的情况下，才可以使用自然元素为生产、生活创造更有利的环境。因此，人工景观与自然环境是相互依存的。在不过分破坏环境的基础上，充分利用现有的自然资源来实现人类的功能性需求，是实现人造景观与自然景观和谐共存的最佳形式。

在景观设计的过程中应保护现有的自然景观资源，如山脉、水系、森林、动物和土地等。山脉和河流等自然形态是维持地球生命力的必备元素，不同的地形与森林和田野一起形成了古老而永久的"美丽"。在景观设计的过程中也应充分考虑这些自然景观资源，灵活使用原始景观以匹配自然。在进行景观小品设计的选址规划时，应选择适合开发规划的场地，并最大程度地利用景观的原始潜力。即使需要对该区域的自然环境做出一些修正，也应采用小巧、安全和省力的材料。同时，在规划设计的基础上应保留村庄和区域的自然特征，将人为的设计景观与当地的自然环境进行融合，反映区域村庄的精神文化特征，保存、继承和挖掘原始村庄的自然文化内涵，最大程度地与现有的自然文化相呼应，形成统一的风格。简而言之，对自然环境的研究仍然有两个主要目标。第一，了解自然环境，选择适合代表当地景观的文化元素。第二，阐明可与人为景观设计相结合的当地自然资源，以达到优化的目的。

2. 结合当地的历史文化

在不同的自然地域，不同的人所产生的文化必然会出现一定的差异，因此每个地区所表现出的景观风格也不尽相同。这种差异不仅是由于景观原因导致的可见性差异，而且是当地历史文化和精神内涵的差异。在长期的生产和生活中，人们逐渐形成了具备丰富区域文化内涵的历史文化背景。只有在充分了解该地区的历史文化、习俗、图腾精神等内容的基础上，才能建立正确和完备的特定地区特色的精神文化框架。

文化作为一种精神层面的意识形态，其具体表现既是虚拟的又是真实的。人们无法直接看到它或触摸它，关于它的讨论也是通过非物质形式流动的"意象"

表达，这是文化"虚幻"的一面。例如，通过对成都宽窄巷子街道景观小品的考察发现，它可以借由自然、建筑、景观、风俗和生活方式等物质形式进行表达，这是文化真实的一面。所以在进行设计时，设计师应当在充分了解该地区历史文化特征的前提下，将景观置于共同的宏观生态背景中，来对该地区的文化特征进行透彻展示，并基于此专注于设计的中后期进行景观的表现形式设计。同时，在体现地域设计独特性的基础上，设计师还必须了解中外设计史知识，以体现设计的全面性。

3. 提取文化元素

基于上述理论研究，可以初步总结出地域景观文化元素的提取需要具备以下三大原则。

（1）代表性原则

在提取传统文化元素时，应注意选择具备代表性的区域符号，且有必要将当地的文化与其他地域的文化进行对比分析，并从二者之间的差异入手，提取既能反映自身独特特征又能与其他地区明显区别开来的代表性文化元素。在景观设计中对地域文化元素的正确使用，不仅能够突出其特征，而且可以促进当地民俗和文化的弘扬与传承。

（2）明显性原则

传统文化元素的提取能够为将来的应用和景观设计创新提供文化素材。而区域文化的形成与当地文化的创造者，同时又是使用者有着千丝万缕的联系。因此，在进行文化要素的展示和解释时，所设计的文化景观必须具备清晰易懂的文化表达方式，以便人们可以直观感受到地域文化的重要性，产生文化的归属感与自豪感。

（3）选择性原则

文化是有两面性的，往往是精华与糟粕并存，对于传统文化而言尤其如此。这意味着我们对于文化的选择不能一概而论，既不能盲目地全盘接受，也不能盲目地全盘否定。随着社会的进步，我们必须基于社会的需要对传统文化进行仔细的研究剖析和科学的筛选，取其精华，去其糟粕，以更好地促进不同地区文化的传承和社会的发展。

4. 文化元素应用的具体化

如果将当地景观描述为一个巨大的区域，并且景观的本地元素是在湖中游泳的鱼，那么本地景观元素的表达就是地面上的湖泊和水中生存的鱼。因此，若想让鱼儿生活得更为舒适，则必须密切注意湖泊的状况。换句话说，在提取本地代表性文化元素之后，在实际设计中如何使用本地的特殊景观元素就显得非常重要了。根据人们的现代审美观，在现代社会美化环境的目的基础上刻画文化元素，以这种方式创作的景观作品在传达时代观念的同时，还保持了良好的视觉效果。在设计过程中，设计师应当以尊重形式美为原则，在设计工作中注重象征性，充分运用艺术元素，并基于此创作出带有明显区域文化特征和易于观赏者理解的景观设计作品。飞檐雕塑、青瓷砖、带有平板的柱子、大红色灯笼和雕栏木窗等其他中国建筑和装饰元素，都可以作为创建具备文化底蕴景观的文化素材。虽然在设计之初，这些符号因素仅以简单的点、线和面的形式存在，但在对文化元素的不断深化、破坏和重组的过程中，设计师会逐渐实现对景观小品从内部精神到外部形式之间的优化，最终形成理想的设计效果。

（三）景观小品设计的方法

1. 意向设计手法

意向设计手法是将人们的思想感情掺入以往事物，用多元化的艺术方式进行加工，处理成可以指代以往事物的事物的设计方法。通常会保留部分以往客观事物的形态，使设计出的景观小品能够让人们产生共情性。这种设计方法，主要依靠间接、隐晦的方式来表达设计理念，相对其他较为简单的设计方法来说，更具有设计深度。

运用意向手法设计出的景观小品往往具有隐喻和象征含义。格雷福斯曾经说过："隐喻是把一个能指的客观事物的形式从一个恰当的所指换到另一个所指上，从而将深层内涵赋予后者。"这种设计手法设计出的景观小品需要观赏者仔细琢磨，用心体会其中的含义。意向设计手法是比较高级的设计方法之一，能够赋予设计作品更加深刻的内涵，突破了景观小品的常规功能，使设计出的小品富有诗意与情怀，显示出人们对于过往的怀念与对美好生活的向往之情。正如凯文·林奇所说："人类对景观的需求不能够仅仅停留在满足实用功能的层面上，而更应该赋予它诗意与象征性。"

近些年，众多景观小品在设计时采用意向设计手法，用隐喻与象征的方式来表达对以往某种客观事物的怀念与情感追忆，使景观小品在承载当地传统文化的同时具有深沉情感内涵。例如，安徽省铜陵市雕塑公园内罗曼尼亚设计的小型雕塑作品《抒写消失的地球》。其雕塑整体形态为一块裂开的不规则树墩，并运用了树木被砍伐后所呈现的年轮纹路作为雕塑上的图案。通过雕塑的造型与使用元素，让人们可以深刻地感受到滥砍滥伐对地球的破坏程度，并使人更加怀念曾经树木茂盛的年代。同时，雕塑为钢制品，继承与发扬了铜都的历史文化。

2. 抽象变形设计手法

抽象的设计手法大多运用在观赏性景观小品的设计中，哲学对抽象的解释为："个别特殊的客观事物，通过综合的方式思考，舍弃非本质与个别的属性，从而获取共同与本质的属性。"抽象设计手法在设计时将原有的客观事物元素分解、打乱、变形，运用美学法则将其进行重组，形成全新的图案与造型，同时赋予新的含义。重构的景观小品往往更具简约性与时尚性。通过多元化的处理手法，使用符号元素创作出的小品有极高的艺术观赏价值，对加强空间环境的艺术感具有重要意义，同时能够提升游客的艺术素养与审美标准。

经过抽象设计做出的景观小品，较难直观地识别出所想要描绘的客观对象，但通过对其表层元素进行深入分析可以得出，此类景观小品仍旧是对客观事物的表达与描述，相较于其他设计手法的景观小品，此类小品使用了更为夸张的元素与形态来表达其深层的含义。

上海南京路《飞跃的马》是法国著名设计师阿曼设计的抽象雕塑。此雕塑通过抽象变形，将马的身躯切制与分离后重新组合，形成万马奔腾的韵律感。马头昂扬，有着蓄势待发的气势。雕塑整体呈现积极向上、勇往无前的城市精神，十分鼓舞人心。此外，艺术大师萨尔瓦多·达利的名作《时间的贵族气息》也采用了抽象变形的设计手法。雕塑为铜制品，整体最为突出的是变形的时钟造型，通过融化的钟表盘带着皇冠的形式，提醒人们时间的宝贵。雕塑整体充满趣味性，并表达了深刻的含义。

3. 具象还原设计手法

具象的设计手法是将自然界客观事物还原与重现，具象艺术是指艺术形态与客观对象极为相似的艺术。古希腊的雕塑作品与近现代的写实主义以及现代超写实主义作品，因其形态与客观对象基本一致，成为具象艺术的代表。采用具象还原设计手法的景观小品要求设计师具有严谨的设计思维，通过对所选材料的合理运用，将所要表达的形态细节客观逼真地展示出来。景区中有众多采用具象设计手法设计出的景观小品，其中以小型雕塑类为主，此类景观小品具有较强的叙事性，可以真实且具体地还原客观事物，能够让游客用更加直观的方式欣赏景观小品，并且理解景观小品的内涵，使景观小品在具有审美价值的同时还附有记录作用。

杭州西溪湿地中采用具象还原设计手法的景观小品较多，这种直观的设计方式更加符合游客以及当地居民的审美需求。景区中设计摆放了桑蚕文化的小型雕塑，让游客对当地的历史文化有更加深入的了解与认识，同时将幼蚕的形象拟人化，极大程度上增加了小品的趣味性。南京高淳老街前母子抬水的铜制人像雕塑也采用了具象还原的设计手法，生动再现以往人们的真实生活场景，展示出母慈子孝的美好画面，同时也歌颂了人民的勤劳与朴实。

4. 对比融合设计手法

对比融合的设计方法是将两种截然不同的客观事物通过艺术的方法结合在一起，利用不同事物的矛盾，使设计出的景观小品产生新的视觉效果，增强作品的艺术表现力。这种类型的景观小品容易形成一定程度的心理冲击，为游客带来一定的新鲜感。

随着科学技术的不断发展，市场上所提供的新材料逐渐多样化。在设计景观小品时，设计师可以将传统材料与现代材料相结合，使小品通过材质的变化彰显艺术魅力。同时，设计师还可以将传统造型、风格、技法与当代元素配合使用，以此来突出作品的生命力与趣味性。这种新旧结合的设计方式，除了可以达到对立统一的视觉效果外，还能够有效弥补众多不足之处，延长景观小品的使用寿命。

第三节　景观小品的建筑技术

一、景观小品建筑布置设计

（一）尊重场地原始环境

对于景观小品环境布局的选择应充分考虑当地的原始自然生态环境和人文环境。景观小品的设计目的是修饰原始的乡村环境，而不是破坏它原有的生态平衡。置于特定场景的景观小品应根据场地的初始条件进行科学合理的组织，并且不应过分影响当地的乡村文化氛围。村庄的原始环境是景观小品布局的背景和基础，因为目标环境本身的自然环境（如地形、地质、土壤、植被、水源等）是景观小品布局的主要限制原因，若将景观艺术设计与当地景观的规律性和特征性相矛盾，则不可避免地要付出高昂的代价。

设计师要准确地把握场地环境的尺度、地形和地貌，利用环境中的广场、绿地和水系，巧妙地安置和摆放公共艺术小品，让前来参观、休闲和度假的游客具有良好的观赏视线。

（二）依据场地功能需求

不同景观中的不同地域环境具备不同的特征。目标地域环境的不同属性决定了人们对于景观设计的不同使用需求，使用需求包括物质方面和精神方面。例如，在以旅游为主要功能的自然景观优美的休闲村和观光村中，应在定期的旅游路线上安排休闲场所、栏杆、爬索、垃圾桶和其他景观小品，以满足游客的使用需求。如果是在乡村农田和茶园中，则可以组织一些建筑景观小品，例如休闲凉亭，以满足居民对于休憩时进行放松和凉爽的需求。又如，应该在乡村住所的入口处组织生活展示舞台或景观雕塑小品作为精神堡垒，以满足村民和过往观光客的精神文化和情感需求。总而言之，设计师在情境调研时需要了解设计目标区域的环境类型，观察并分析目标区域的各种功能要求，并根据调研分析结果设计适当的景观小品以满足当地的使用需求和情感文化需求。

（三）依据场地空间大小及规模

区域空间的面积和位置大小决定了局部景观小品的缩放比例和布局，设计师应当考虑整体比例和观赏者的不同视角。设计师应以适当的比例进行景观小品的设计，在使人们便于识别景观小品的基础上，又将景观小品隐入环境氛围之中，既做到潜移默化传达既定的意识形态，又不会在周围环境的衬托下显得刻意。在此方面，乡村自然景观和工业城市景观之间不论是空间范围还是功能需求的差异都比较大。此外，设计师应考虑观赏者与观赏对象之间的视角和比例问题，可以将景观小品相应地放大或将其分为敞射点组，以使景观小品与背景环境之间保持平衡的比例关系。如果景观小品的尺寸太小或是放置在大环境中的隔离空间中，则很难获得理想的景观观赏效果和使用功能。在乡村景观环境中，由于乡村建筑物、街道和广场之间布置紧凑，所以景观小品的比例也应相应减小，并保持在合理的尺寸范围内，在环境布局上也应更加分散，以保证最佳的观赏和使用效果。

二、景观小品建筑技术

（一）景观小品建筑细部构造

构造设计是结构设计不可或缺的重要组成部分。构件最小截面的确定、构造钢筋的选取、结构细部构造处理等，看似平常，却是结构设计艺术性的集中体现，是检验结构设计水平的重要指标，对结构工程造价有较大的影响。

除了根据荷载的大小和结构的要求确定所需的尺寸之外，在建筑设计时还必须对构件之间的连接以及和配件之间的连接上采取必要措施，以确保房屋的整体安全性。

1. 木铺面及通道的细部构造

中国和日本的园林设计是木铺面或木铺面平台最早的起源地。木铺面是一种木结构建筑，通常设置在地面以上，用来支撑中间构架上的平台和楼面。有的设计为了节省用油毡、胶合板和排水沟等做成防水铺面所需的费用，于是把外露的平台做成了自排水式。用非铁螺丝或螺钉把铺面条板固定在搁栅上，必须用没有裂纹并且耐久性好的木料做成条板。传统的条板均选用如克鲁因木、橡木、西非硬木或柚木之类的硬木。

木铺面的梁柱结构可以混用几种木材：柱用西非硬木或橡木，梁用浸渍的落叶松或花旗松。以下做法比较理想：将柏油涂料涂抹在埋置在地面以下的木柱上，或者把它放在混凝土垫座上，用铅皮或橡胶地沥青层把混凝土和木柱分隔开。用墙面板把木铺面下面留下的地平面封住，以便在需要清除杂草时可以将其打开。

2. 挡土墙的细部构造

（1）挡土墙设计

用作支挡土壤或挖掘后暴露的地基土一般叫挡土墙。挡土墙结构需要通过计算分析后才能决定，一般要看几何尺寸根据倾覆推力作用于基础面积中间 1/3 段内的数据。墙会在推力作用于基底尺 1/3 以外时倾倒。墙体的重力是显而易见的。根据休止角以上土体产生的水平推力可以求得所支挡的土或地基土重力所产生的水平作用。

横截面为 T 形或梯形的墙有较宽的基础底板，比细长的墙体有较大的中间面积。单砖的细长墙体只限 900 毫米高。梯形的路堤可用木材或与之材料构成的框架墙。如果是在陡斜场地上建造台地用的大型挡土墙或道路工程的支墩，则要求使用钢筋混凝土挡土墙。

（2）简易挡土墙

可以仿照类似于花园围墙那样的方法，根据地基土的条件决定简易挡土墙的基础深度，不过至少需要 675 毫米宽的支撑面。

900 毫米厚的土可被一片 225 毫米厚的砌体墙或砖支挡住。不建议在挡土墙以下设水平防潮层（沥青毡的），因为假如土方量超载了，那么这时这种防潮层会变成一个"铰接点"。如果想要做适当的防潮保护，那么可采用二三层工程砖来实现，或者用工程砖来砌筑整个墙体也可以。

3. 路面铺设的细部构造

如果想要增强小空地或窄路面的表现力，可以使用小尺寸铺面材料。在铺设过程中要注意做好压实和固结。最后用平板振动器来完成铺砌面层的操作，它能把铺筑材料压实到砂基层里去，并在所有面层砌块的接缝中挤入基层材料。想要改善铺面排水状况的话，可将铺面砌块的四边削角，同时这样也便于贴紧各个砌块，减少四个角端断裂的危险。

柔性铺面的表面粗糙且不平，它的斜坡要比混凝土或沥青铺面更陡，最小的坡度建议为 1∶40。此外，如果要想把一些如表面尺寸为 225 毫米 ×112 毫米的标准构件砌块铺砌成一个方锥面，或者有三面坡度的铺面，都不容易。需要先用叠式砌法铺置一些谷带或脊带，将它们勾缝、摆稳后，再在它们各自围住的范围内开挖并做成斜坡。有一种较为简单的做法是，将面砖铺砌成指向路中线处或两边排水沟的双坡路，或者铺砌成指向路边一侧排水沟的单坡路。

砂基层在行车荷载的作用下会有少量沉陷，因此排水沟的顶部或检查孔的盖面要低于铺面 10 毫米左右，否则检查孔盖会成为铺面中的障碍物，进水口的篦子也无法起到作用。在道路铺面铺砌前，为了防止铺面在铺砌过程中越过边线，并防止路面在行车荷载作用下向外移动，需要把坚实的边缘石先铺置在其所有外边缘处。

（二）景观小品建筑技术要点

1. 饰景类现代景观建筑小品

（1）雕塑

近年来，现代公园或城市广场上，利用雕塑小品烘托环境气氛，传达设计师的思想的做法日益增多。这些雕塑小品起到了加深意境，表现它所处的城市或地域文化的作用。雕塑小品的建筑要点如下。

①注意整体性。环境雕塑布局上要注意雕塑和整体环境的协调。在设计时，设计师一定要先对周围环境特征、文化传统、空间、城市景观等方面有全面、准确的理解和把握，然后确定雕塑的形式、主题、材质、体量、色彩、尺度、比例、状态、位置等，使其和环境协调统一。

②体现时代感。环境雕塑以美化环境为目的，应体现时代精神和时代审美情趣。因此，雕塑的取材比较重要，应注意其内容、形式要适应时代的需求，不要过于陈旧，应具有观念的前瞻性。

③注重与配景的有机结合。雕塑应注重与水景、照明和绿化等配合，以构成完整的环境景观。雕塑和灯光照明配合，可产生通透、清幽的视觉效果，增加雕塑的艺术性和趣味性；雕塑与水景相配合，可产生虚实、动静的对比效果，构成现代雕塑的独特景观；雕塑与绿化相配合，可产生软硬的质感对比和色彩的明暗对比效果，形成优美的环境景观。

④重视工程技术。一件成功的雕塑作品的设计除具有独特的创意、优美的造型外，还必须考虑现有的工程技术条件能否使设计成为现实，否则很有可能因无法加工制作而使设计变成纸上谈兵，或达不到设计的预期效果。而运用新材料和新工艺的设计通常能够创造出新颖的视觉效果。例如一些现代动态雕塑，借助于现代科技的机械、电气、光学效应，突破了传统雕塑静态感，产生了变化多端的奇异景观。

（2）假山

假山是相对真山而言的，以自然的山石为蓝本，用天然的山石堆砌出微型真山，浓缩了大自然的神韵和精华，使人从中领略到自然山水的意境。通常假山可设计为瀑布跌水或者旱山。庭院假山大的高可达5米以上，小的则1米左右，视空间环境而定。假山可在草坪一侧，可位于水溪边，大者可行走其间，小者可坐落于水池中。假山一般位于庭院的主要视线之中，供人欣赏，增添生活的情调和雅趣。假山的建筑要点如下。

①设计师与业主沟通，勘查现场，根据环境的特点、方位、空间的大小，确定假山的石材、高度体量等，画好假山的平、立面图，有条件再画出假山的效果图，便于施工。

②施工人员要研究图纸，做好假山的基础。基础一般用钢筋混凝土，然后通过采石、运石、相石自下而上地逐层进行堆砌。在堆砌的过程中，要做到质、色、纹、面、体、姿相互协调，并预留植物种植槽，做瀑布流水的应预留水口和安装管线。做完上述工程之后以灰勾缝，以刷子调好的水泥和石粉扑于勾缝泥灰之上使之浑然一体。

③假山在设计上要讲究"三远"。所谓"三远"是由宋代画家郭熙在《林泉高致》中提出的："山有三远：自山下而仰山巅，谓之高远；自山前而窥山后，

谓之深远；自近山而望远山，谓之平远。……高远之势突兀，深远之意重叠，平远之意冲融而缥缥缈缈。"

（3）喷泉

喷泉是最常见的水景之一，广泛应用于室内外空间，如城市广场、公共建筑。它不仅自身是一种独立的艺术品，而且能够增加局部空间的空气湿度，减少尘埃，大大增加空气中负氧离子的浓度，因而有益于改善环境，增进人们的身心健康。喷泉的建筑要点如下。

①喷泉的类型很多，大体可分为普通装饰性喷泉、与雕塑相结合的喷泉、自控喷泉等。喷泉水池的形式有自然式和整形式。

②一般情况下，喷泉的位置多设于建筑、广场的轴线焦点或端点处，也可以根据环境特点，做一些喷泉小景，自由地装饰室内外的空间。

③喷泉可安置在避风的环境中以保持水形。

④喷水的位置可以居于水池中心，也可以偏于一侧或自由地布置。

⑤喷水的形式、规模及喷水池的大小比例要根据喷泉所在地的空间尺度来确定。

⑥在不同的环境下，应讲究喷泉的位置。

⑦喷水的高度和直径要根据人眼视域的生理特征，使其在垂直视角30°、水平视角45°的范围内有良好的视域。

⑧喷泉的适合视距为喷水高的3.3倍。当然也可以利用缩短视距来造成仰视的效果。

⑨水池半径与喷泉的水头高度应有一定的比例，一般水池半径为喷泉高的1.5倍。如半径太小，水珠容易外溅。

⑩为了使喷水线条明显，宜用深色景物作背景。

（4）灯具

灯具是环境空间的重要景观，白天的灯具丰富了环境的空间序列，夜晚的灯光更是美化环境的重要手段。城市照明灯具主要包括路灯、广场塔灯、园林灯、草坪灯、水池灯、地灯、霓虹灯、串灯、射灯等。照明灯具的建筑要点如下。

①结合环境，烘托气氛。不同空间、不同场地的灯具形式与布局各不相同，灯具设计应在满足照明需要的前提下，对其体量、高度、尺度、形式、灯光色彩等进行统一设计，以烘托不同的环境氛围。

②注重白昼和夜间的效果。任何一个灯具的设计都需同时考虑白昼和夜间的

效果。白天灯具以别致的造型和序列的美感呈现在环境中，夜晚以其丰富多变的灯光色彩，创造出繁华的夜景。

2.功能类现代景观建筑小品

（1）宣传廊、宣传牌、标识牌

城市中的宣传廊、宣传牌、标识牌是城市中的一种装饰元素，它们不仅自然地表达了自身的宣传指示功能，而且带给了人们直观的艺术享受。宣传廊、宣传牌、标识牌是城市装饰元素的一部分，设计师在设计时应将功能与形式有机地统一起来，使之与周围环境相和谐。

宣传廊、宣传牌以及各种标识牌有接近群众、利用率高、占地少、变化多、造价低等特点。除本身的功能外，它们还以其优美的造型、灵活的布局装点美化着环境。宣传廊、宣传牌以及各种标识的造型要新颖活泼、简洁大方，色彩要明朗醒目，并应适当配置植物遮阳，其风格要与周围环境协调统一。

宣传廊、宣传牌的位置宜选在人流量大的地段以及游人聚集、停留、休息的处所。如园林绿地及各种小广场的周边、道路的两侧及对景处等地。宣传廊、宣传牌亦可结合建筑、游廊园墙等设置，若在人流量大的地段设置，其位置应尽可能避开人流路线，以免互相干扰。

（2）电话亭

公共电话亭按其外形可分为封闭式和遮体式两种。封闭式电话亭一般采用铝、钢框架嵌钢化玻璃、有机玻璃等透明材料，具有良好的气候适应性和隔音效果；遮体式电话亭外形小巧、使用便捷，但遮蔽顶棚小，隔音防护较差，用材一般为钢、金属板及有机玻璃。

电话亭的设计要考虑使用者对私密性的要求，与外界要有一定间隔，哪怕是象征性的。出于环境景观整体性考虑，电话亭前不宜出现过多遮挡物。总体而言，电话亭的造型应简洁明了、通透小巧。

（3）候车廊

候车廊是城市交通系统的节点设施，是为了人们在候车时能有个舒适的环境而提供的防风避雨的空间。

候车廊包括站牌、遮篷、休息椅、行驶路线表、照明设施及广告等几部分。材料一般采用不锈钢、铝材、玻璃、有机玻璃等耐用性、耐腐性好且易于清洁的材料。

候车廊的设计要求造型简洁大方，富有现代感，同时应注意其俯视和夜间的景观效果，并做到与周围环境融为一体。

（4）垃圾箱

造型各异的垃圾箱既是城市生活不可缺少的卫生设施，又是环境空间的点缀。垃圾箱的设计，不仅要使用方便，而且要构思巧妙、造型独特。

垃圾箱的形式主要有固定型、移动型和依托型等。在空间特性明确的场所（如街道等），可设置固定型垃圾箱；在人流变化大，空间利用较多的场所（如广场、公园、商业街等），可设置移动型垃圾箱；依托型垃圾箱固定于墙壁、栏杆之上，适用于在人流较多、空间狭小的场所使用。

垃圾箱的制作材料有预制混凝土、金属、木材、塑料等，投口高度为 0.6 ～ 0.9 米，设置间距一般为 30 ～ 50 米，另外也可根据人流量、居住密度来设定间距。

（5）服务亭

服务亭是指分布在环境空间中的环境小品类服务性建筑，具有体积小、分布面广、数量众多、服务单一的特点。常见的服务亭有书报亭、快餐亭、问讯处、售货亭、花亭、售票亭等。它们造型小巧，色彩活泼、鲜明，是城市环境中的重要环境小品。

服务亭的设计应结合人流活动路线，便于人们识别、寻找；同时造型要新颖，要富有时代感并反映服务内容。

（6）座椅

座椅在城市环境中被称为"城市家具"，供人们娱乐、交谈、等候、观赏之用，为人们的休闲活动提供了方便。

座椅的制作材料很广泛，可采用木料、石料、混凝土、金属材料等。座椅常常结合桌、树、花坛、水池设计成组合体，构成休息空间。

座椅的设计很重要，应考虑人在室外环境中休息时的心理习惯和活动规律，结合所在环境的特点和人的使用要求，来决定其设置位置、座椅数量、造型等。供人长时间休憩的座椅，应注意设置的私密性，以单坐型椅凳或高背分隔型座椅为主；而人流量较多处供人短暂休息的座椅，则应考虑其利用率，座椅大小一般以满足 1 至 3 人为宜。另外，室内外景观环境中的台阶、叠石、矮墙、栏杆、花坛等也可设计成兼有座椅的功能。

3.特殊类现代景观建筑小品

（1）无障碍设施

随着社会文明的进步，公共设施需要适应各种类型人群的需求，已成为世界范围内普遍存在并越来越受到关注的社会问题。我国自20世纪80年代起开始这方面的努力，颁布了《方便残疾人使用的城市道路和建筑物设计规范》，发行了有关无障碍设施的通用图集，并在北京、上海、南京、广州等城市，对一些公共设施进行了无障碍改造。

针对环境中的无障碍设计，设计师除了要对环境空间要素宏观把握之外，还必须对一些通用的硬质景观要素，如出入口、道路、坡道、台阶、小品等细部构造，做细致入微的考虑。

①出入口。出入口宽度至少在120厘米以上，有高差时，坡度应控制在1/10以下。出入口两侧应设栏杆扶手，并采用防滑材料。出入口周围要有150厘米×150厘米以上的水平空间，以便于轮椅使用者停留。入口如有牌匾，其字迹要做到弱视者可以看清，文字与底色对比要强烈，最好能设置盲文。

②道路。路面要防滑，且尽可能做到平坦无高差、无凹凸。如必须设置高差时，应在2厘米以下，路宽应在135厘米以上，以保证轮椅使用者与步行者可错身通过。要十分重视盲道的运用和诱导标志的设置，特别是对于身体残疾者不能通过的路，一定要有预先告知标志。对于不安全的地方，除设置危险标志外，还须加设护栏，护栏扶手上最好注有盲文说明。

③坡道和台阶。坡道对于轮椅使用者尤为重要，最好与台阶并设，以供人们选择。坡道要防滑且要缓，纵向断面坡度宜在1/17以下，条件所限时，也不宜大于1/12。坡长超过10米时，应每隔10米设置一个轮椅休息平台。台阶踏面宽应在30～35厘米，级高应在10～16厘米，幅宽至少在90厘米以上，踏面材料要防滑。坡道和台阶的起点、终点及转弯处都必须设置水平休息平台，并且视具体情况设置扶手和照明设施。

（2）栏杆

栏杆除起防护作用外，还用于分隔不同活动内容的空间，划分活动范围以及组织人流。栏杆同时又是环境的装饰小品，用以点景和美化环境。

栏杆在环境中不宜普遍设置。特别是在水池、小平桥、小路两侧，能不设置的地方尽量不设。在必须设置栏杆的地方应把围护、分隔的作用与美化、装饰的功能有机地结合起来。

在环境中，栏杆具有很强的美化装饰性，因此，设计时要求造型美观、简洁、大方、新颖，同时要与周围环境协调统一。

在环境设计中，栏杆应根据功能的不同来确定其高度。栏杆设计的尺度要求如下：围护性栏杆的高度一般为 900 ～ 1200 毫米；悬崖山石壁防护栏杆的高度为 1100 ～ 1200 毫米；坡地防护栏杆的高度为 850 ～ 950 毫米；分隔性栏杆的高度一般为 600 ～ 800 毫米；道路两侧栏杆的高度为 400 ～ 600 毫米；坐凳式栏杆的凳面高度为 350 ～ 450 毫米；装饰性栏杆的高度一般为 150 ～ 400 毫米。

栏杆选材应与环境协调统一，既要满足使用功能，又要美观大方。尤其是围护性栏杆在选材时首先要求坚固耐用，要确保安全。为了能够体现地方特色、民族风格，一般采用就地取材，造价低，节省运费。栏杆制作材料有天然石材、人工石材、金属、竹木、砖等。栏杆的用材与主体造型和风格有密切关系，一般要根据主体建筑的风格来选择材料和确定形式。

参 考 文 献

［1］逯海勇．现代景观建筑设计［M］.北京：中国水利水电出版社，2013.

［2］万美强．景观观赏植物识别与应用［M］.武汉：中国地质大学出版社，
2013.

［3］靳超，朱军．社区公共艺术与景观设施［M］.北京：中国建筑工业出版社，
2014.

［4］谭巍，周佳慧．城市景观与公共设施设计［M］.南京：南京大学出版社，
2015.

［5］李计忠．生态景观与建筑艺术［M］.北京：团结出版社，2016.

［6］程红璞，徐玉玲．城市景观雕塑设计［M］.北京：清华大学出版社，2016.

［7］韩晨平．景观设计原理与方法［M］.徐州：中国矿业大学出版社，2016.

［8］杨彦辉．建筑设计与景观艺术［M］.北京：光明日报出版社，2017.

［9］丛林林，韩冬．园林景观设计与表现［M］.北京：中国青年出版社，2016.

［10］马晓雯，肖妮．景观植物造景设计原理［M］.沈阳：东北大学出版社，
2016.

［11］刘爽．欧洲建筑及景观设计解析［M］.桂林：广西师范大学出版社，
2016.

［12］邵靖．城市滨水景观的艺术至境［M］.苏州：苏州大学出版社，2016.

［13］刘彦红．植物景观设计［M］.武汉：武汉大学出版社，2017.

［14］王艳，李艳，回丽丽．建筑基础结构设计与景观艺术［M］.长春：吉林
美术出版社，2017.

［15］杨湘涛．园林景观设计视觉元素应用［M］.长春：吉林美术出版社，
2017.

［16］程越，赵倩，延相东．新中式景观建筑与园林设计［M］.长春：吉林美
术出版社，2018.

［17］唐茜,康琳英,乔春梅.景观小品设计［M］.武汉:华中科技大学出版社,2017.

［18］何彩霞.可持续城市生态景观设计研究［M］.长春:吉林美术出版社,2018.

［19］左小强.城市生态景观设计研究［M］.长春:吉林美术出版社,2019.

［20］李士青,张祥永,于鲸.生态视角下景观规划设计研究［M］.青岛:中国海洋大学出版社,2019.

［21］肖国栋,刘婷,王翠.园林建筑与景观设计［M］.长春:吉林美术出版社,2018.

［22］李永昌.景观设计思维与方法［M］.石家庄:河北美术出版社,2018.

［23］赵坚.乡土营建［M］.石家庄:河北美术出版社,2018.

［24］陈荣,吴鹍,李倩.城市景观水体富营养化特性及营养物作用机制［M］.北京:科学出版社,2018.

［25］王竞红.园林植物景观评价指标体系研究［M］.哈尔滨:东北林业大学出版社,2018.

［26］赵航.景观·建筑手绘表现综合技法［M］.北京:中国青年出版社,2018.

［27］王皓.现代园林景观绿化植物养护艺术研究［M］.南京:江苏凤凰美术出版社,2018.

［28］胡天君,景璟.景观设施设计［M］.北京:中国建筑工业出版社,2019.

［29］高宇宏.居住区景观性健身设施探索与研究［M］.北京:中国建材工业出版社,2019.

［30］张洪涛,张伶伶,蔡新东.松花江流域典型城市水域空间景观规划策略[M].沈阳:东北大学出版社,2019.

［31］曾筱.城市美学与环境景观设计［M］.北京:新华出版社,2019.

［32］朱宇林,梁芳,乔清华.现代园林景观设计现状与未来发展趋势[M].长春:东北师范大学出版社,2019.

［33］李璐.现代植物景观设计与应用实践［M］.长春:吉林人民出版社,2019.

［34］刘海桑.景观植物识别与应用［M］.北京:机械工业出版社,2020.

［35］陆娟,赖茜.景观设计与园林规划［M］.延吉:延边大学出版社,2020.

[36] 龙燕，王凯．建筑景观设计基础［M］．北京：中国轻工业出版社，2020.

[37] 樊佳奇．城市景观设计研究［M］．长春：吉林大学出版社，2020.

[38] 邢洪涛．地域特色的景观设计构思与过程表现［M］．镇江：江苏大学出版社，2020.

[39] 王江萍．城市景观规划设计［M］．武汉：武汉大学出版社，2020.

[40] 陈铃花．景观建筑施工的关键技术［J］．河南建材，2018（04）：458-459.

[41] 易安安．人工智能技术在景观建筑设计与施工中的辅助作用［J］．艺术教育，2018（04）：95-96.

[42] 李亚楠．试论城市景观小品的设计原则与设计要求［J］．美与时代，2018（11）：85-86.

[43] 郭绯绯．地域文化元素在现代景观小品设计中的应用［J］．文化创新比较研究，2018，2（27）：36-38.

[44] 陈彬．园林工程中的景观小品施工技术［J］．居舍，2019（30）：114-117.

[45] 符兴源，杨盼，姜珊，等．不同景观设计元素及其组合对景观安全感的影响［J］．城市问题，2019（09）：37-44.

[46] 卢治涛．园林景观建筑设计的关键要点分析［J］．城市建设理论研究，2019（36）：21-22.

[47] 邓满妮．园林水体景观小品的施工技术［J］．现代园艺，2019（16）：191-192.

[48] 孔令宏．浅谈园林设计中景观建筑的应用［J］．建材与装饰，2019（27）：112-113.

[49] 张志雄．地域文化元素在景观小品设计中的应用：以闽南文化为例［J］．长沙大学学报，2019，33（04）：110-113.

[50] 寇梓熙．景观小品的造型设计及应用探析［J］．甘肃科技，2020，36（10）：43-44.

[51] 白茂莹，谢小林．景观小品设计中色彩的表达及情感传递作用［J］．住宅与房地产，2020（09）：88-90.

[52] 李学山．谈园林景观建筑设计的方法与技巧［J］．中国建筑装饰装修，2020（01）：86-87.

［53］ 王之千.基于虚拟现实技术的自然景观建筑空间设计与规划［J］.重庆理工大学学报，2020，34（03）：152-157.

［54］ 尹旭红.景观建筑形态的提炼、延伸与重构[J].现代园艺，2020,43(12)：70-71.

［55］ 马丽颖.探析乡村振兴战略下的景观小品设计［J］.科技资讯，2020，18（06）：228-229.

［56］ 杨霞.现代景观建筑空间的营造与设计［J］.建筑结构，2020，50（21）：157-158.

［57］ 李雪杨，曹晓昭.论景观建筑在园林设计中的具体运用［J］.环境工程，2021，39（09）：256-259.

［58］ 吴文清，王志鹏.基于多阶段决策的景观建筑工程规划实施方法［J］.宿州学院学报，2021，36（07）：41-44.

［59］ 苏剑宏.浅析景观建筑在园林设计中的应用［J］.四川水泥，2021（03）：267-268.

［60］ 吴鹏军，肖亚茹，郑绍江.景观建筑设计中传统文化元素运用分析［J］.城市住宅，2021，28（02）：165-166.